U0015427

有趣到睡不著的自然科學

面白くて眠れなくなる理科

沒有芯的蠟燭也能燒？

左卷健男 著　陳朕疆 譯

目錄

Part 1
聊天有哏的自然科學話題

Part 2

生命世界實在太神奇！

Part 3

有趣到睡不著的自然科學

推薦序

就像遊戲破關一樣有樂趣！

一拿到這本書，我就不禁發出讚嘆：

「有趣到睡不著！」

這本書的作者左卷健男教授用這句話來形容「科學」真是太適合了！改用比較古典的中文成語來形容的話，就是令人「廢寢忘食」。

科學家研究科學的原動力是什麼呢？比起「科學很重要」或「科學很有用」這些有點「功利取向」的理由，更加根本而直接的原因，就是因為「科學很有趣」。

大家有因為玩遊戲而「廢寢忘食」的經驗嗎？許多科學家都曾經這麼比喻：研究科學就像是在破解大自然的「遊戲規則」。打個比方，當我們看到大自然五花八門、千變萬化的現象時，就有如是在觀察棋賽高手進行一盤我們尚不瞭解規則的棋局，我們要從每一步的落子、以及棋盤上的態勢變化去推敲出背後的規則，這樣的過程，本身就像是在進行一場推理遊戲。而當我們成功破解其中的規則時，所得到的樂趣，就和遊戲「破關」一樣的令人興奮。

當然，不用身為一位科學家，一般人同樣也可以享受科學帶來的樂趣。科學的領域是很廣大的，在這本書中，左卷健男教授從生物、物理、化學、地球科學等各個科學的領域選出了許多有趣的問題和大家分享，無論是大朋友還是小朋友，都可以從這些問題的討論中享受到學習新知的樂趣。

學習科學，或者輕鬆點來說，「欣賞」科學是一件有趣的事，同時，也是當代人應該要有的「素養」。著名的物理學家史蒂芬・霍金曾經這麼說：「所有的年輕人，無論選擇哪一個行業，對於科學相關的主題，都應該要熟悉，而且要有信心，不會感到害怕或排斥。他們需要具備科學素養，而且能參與科學與技術的發展，從而學到更多。」

「培養科學素養」早已是歐美、日本等先進國家在教育方向上的重點，也是台灣108課綱的課程發展主軸。閱讀這本書，可說是既有趣又可培養科學素養，就讓我們翻開書頁，一起來體驗「有趣到睡不著」的「自然科學」吧！

中原大學物理系教授　許經夌

前言

自然科學真的很有趣

之所以會寫下這本書，是因為我想帶著讀者，從科學的角度重新看過一遍小學教的自然科學。

自然科學超有趣的！

我希望能讓各位讀者理解到這點。

我一直在研究小學、國中、高中的自然科學教育，也擁有國中、高中自然科學教師的經驗，還曾在大學中講授小學的自然科學。

自然科學這門學問一點一滴的為我們闡明這個充滿不可思議及戲劇性的世界，漸漸打開通往自然世界的大門。雖然世界上還有許多未解之謎，但同時也有很多我們開始明白的事。

我想向各位介紹這個由自然科學呈現的世界。在《有趣到睡不著的自然科學》一書中，我從小學的自然課取材，選出許多主題來討論，我要告訴各位讀者，在學習的背後有一個更奧妙、更有趣的世界。

本書介紹的生物主題包括「昆蟲、植物、人體」，物理主題包括「槓桿、磁鐵」，化學主題包括「水的三態變化、燃燒、水溶液」，地球科學主題包括「方位（東西南北）、月亮」。這些主題可以幫助你重新認識自然科學。（另外，因為這本書也是給大眾閱讀的科普書籍，所以內容也會提到一些和小學自然科學無直接相關的主題。）

舉例來說，在討論到植物如何「留下後代」時，一般常會談到「花是生殖器官（製造種子的器官）、花朵具有某些特定構造（包括雌蕊、雄蕊、子房等）」之類的重要知識。

在演講之類的場合中，如果我詢問聽眾，「為什麼植物會開花呢？」常有小學生認真的回答，「因為花朵可以溫暖人心。」

的確，當你走進一個維護完善的花園，看到盛開的美麗花朵，自然而然會感到平靜放鬆。但植物之所以會開花，是因為要「製造出種子與果實」。

不過，即使我們知道開花是為了「製造出種子與果實」，還是會衍生出下面的疑問：

每一種花都會製造種子與果實嗎？

為什麼花有不同的形狀、顏色、香味呢？

對萬事萬物時常抱持著疑問與好奇，能培養出從科學角度看待事物的能力。

我想藉著這本書，從簡單卻耐人尋味的科學現象，以及「小學的自然科學」開始，帶領各位進入這個「每思考得更多，看到的事物就更加有趣的廣大世界」！

左卷健男

Part 1

聊天有哏的自然科學話題

01 真的有被狼養大的女孩嗎？

狼女孩卡瑪拉與阿瑪拉

你聽過「狼女孩卡瑪拉與阿瑪拉」的故事嗎？據說在一九二〇年，印度的辛古（Singh）牧師從狼的巢穴中救出了這兩名女孩，並把從發現到救出她們的經過，以及她們的成長過程寫成日記，然後在一九四三年出版了這本日記。

日記的開頭描述他如何在狼的巢穴中捕捉到這兩名女孩，後面則用了許多篇幅描寫他花了九年時間訓練卡瑪拉適應人類社會，例如「花了好幾年，才讓她逐漸戒掉每晚三次的狼嚎」。

日記出版後，許多人對內容抱持著疑問：「狼會養育人類？不可能有這種事吧？」但日記中詳細描寫了她們成長的種種經歷，讓人漸漸相信這是事實。

於是，狼女孩就變成了人們推廣教育時的常用範本。教育者會用「如果由狼養大孩子的話，人就會變成一頭狼。所以接受教育很重要」、「人類剛出生時是一張白紙，受過教育之後，才能融入人類社會」等論點來說明教育的重要性。

狼女孩故事的真偽

但也有不少人懷疑這個故事的真實性。

在辛古牧師過世後，有一些學者前往印度當地，去調查日記內容是否可信。首先，除了辛古牧師的女兒和兒子之外，其他人在提到兩名狼少女被救出的經過時，說法都和日記內容略有出入。辛古牧師的女兒和兒子應該是因為看了出版的書籍，所以才會說出相同的故事。然而日記內容跟當時的報紙內容也有許多不同的地方，也就是說，辛古牧師的日記中有滿滿的疑點。

由於阿瑪拉在進入辛古牧師的孤兒院後，只過了一年左右就過世了，有關她的調查難有斬獲。

不過，當時同樣住在孤兒院的孩子們，提供了不少關於卡瑪拉的資訊。他們說卡瑪拉「幾乎不說話，也很少和其他孩子們玩。但除此之外，和一般的小孩完全相同」。

辛古牧師的日記中卻寫道「卡瑪拉是夜行性的，晚上眼睛會發光，而且只吃生肉」。這實在很難說是「和一般的小孩完全相同」。

——這表示，一定有一方在說謊。

動物學家小原秀雄指出，人們對於狼的認知有「夜行性、晚上眼睛會發光、只吃生肉」這樣的形象，但其實在動物學上並不完全正確。

被人類飼養的狼經過訓練後可以過日行性生活；而所有人類的眼睛結構都相同，不會因為和狼住在一起，眼睛就開始會發光；另外，有些狼會吃水果（梨子）充飢，並不會只吃生肉。

調查後發現，辛古牧師過去似乎曾經聽過狼養育小孩的故事、看過類似的書籍，或許他就是以這些情節為基礎，創作出了幾可亂真的狼女孩故事。

另外，小原先生也提到「每種動物的母乳成分各不相同，狼乳和人乳的成分相差過大，所以狼乳沒辦法用來哺育人類」、「幼狼成長的速度相當快，半年之後就發育成熟。人類的幼兒發育比狼慢太多，不可能會和狼一起行動」，在在說明狼不可能養育人類小孩。

那麼，為什麼辛古牧師要創作出這樣的故事呢？調查團的報告指出「辛古牧師可能是為了提升他做為傳教士的評價，或許還可獲得更多資金援助」。

從社會學的調查與動物學的研究，我們已可確定「狼女孩」是「虛構的故事」。不過，這個故事或許仍在世界上的某個角落流傳著。

02 成為昆蟲的條件

種類最多的生物是什麼呢？

地球上有多少種生物呢？光是已發現、已分類、已記錄的生物，就已有超過一百數十萬個物種，其中，動物略少於一百萬種，其他生物則包括植物、真菌、藻類等。一般認為，人們未知的生物物種數目，應是已知生物的好幾倍。

在動物界中，物種數目最多的一類就是昆蟲了，總共佔了動物中四分之三的物種。

那昆蟲究竟是什麼樣的動物呢？我們說的昆蟲包括蝗蟲、鳳蝶、獨角仙等各類物種。不同類群的昆蟲之間，身體顏色、形狀、大小也有很大的差異。不過，既然我們把這些生物都歸為「昆蟲」，就表示牠們有一些共通點。

蝗蟲的身體

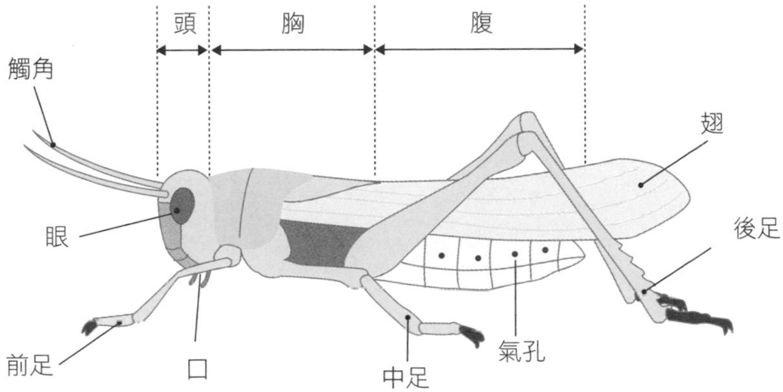

蝗蟲、鳳蝶、獨角仙的共同特徵是，牠們的身體都可以分成頭、胸、腹等三部分，而且胸部上都長有六隻腳與兩對翅膀。

事實上，過去的科學家為生物分類時，就把「身體可分為頭、胸、腹三部分，且胸部長有六隻腳與兩對翅的生物」稱做「昆蟲」。昆蟲的腳由前而後依序稱為前足、中足、後足。

不具備兩對翅膀的昆蟲

昆蟲是地球上第一群長有翅膀的生物。長出翅膀，可以飛到空中，昆蟲的生活範圍變得更加寬廣，有了飛行能力也更容易逃離敵人的捕捉，這或許是昆蟲能夠如此繁盛的原因之一。

蒼蠅、蚊子、虻這類昆蟲經過很長一段歲月演化後，身上的翅膀由兩對變成了一對。不過，仔細一看，在第一對翅膀的後方其實還長有一對小小的翅膀。也就是說，牠們有一對翅膀退化了。

螞蟻也屬於昆蟲。到處忙碌轉來轉去的「工蟻」，身體確實分成了頭、胸、腹三部分，而且有六隻腳，但不管怎麼找，在工蟻身上都找不到翅膀。有些昆蟲就跟螞蟻一樣，在演化過程中，族群後代的翅膀長得愈來愈小，到最後整個翅膀不見。

不過，繁殖期的蟻后和雄蟻就都具有兩對翅膀，牠們利用翅膀飛到空中交配，完成蟲生大事。不過螞蟻在交配結束、降落到地面後，身上的翅膀就會自然脫落。

「四足蝴蝶」的祕密

昆蟲的前足、中足、後足分別有不同的功能。走路時，前足會往前踏出步

蛺蝶

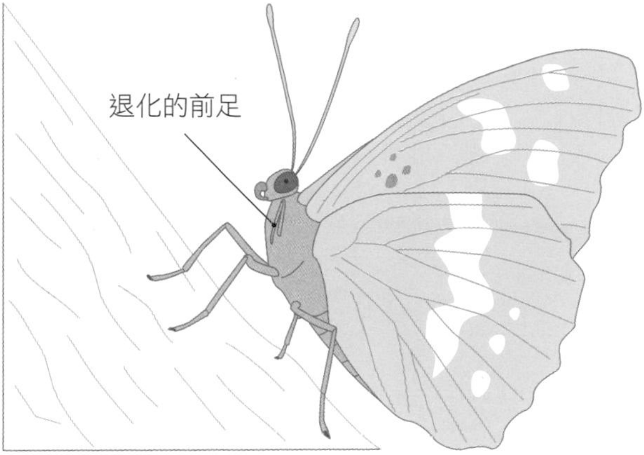

伐，中足負責支撐身體，後足則將身體往前推進。

除了走路以外，昆蟲的腳還有各式各樣的功能。

像蜻蜓的腳上有刺，可用來捕捉其他昆蟲做為食物；蜜蜂的前足長有許多細毛，能夠讓花粉附著在腳上；蝗蟲的後足則有發達的肌肉，讓牠可跳得又高又遠。

那麼，真的所有昆蟲都有六隻腳嗎？畢竟「六隻腳」是昆蟲的必要條件，所以「不具有六隻腳的昆蟲」應該不存在才對。

昆蟲在生物分類上屬於昆蟲綱☆，

往下可再細分成不同的目，獨角仙所屬的甲蟲類（鞘翅目）是最大的目，而第二大的目則是由蝴蝶與蛾類所組成的鱗翅類（鱗翅目）。日本常見的蝴蝶，如白粉蝶、鳳蝶等，都有六隻腳。

但是，有些蝴蝶看起來卻只有四隻腳，蛺蝶就是其中之一。蛺蝶在日本又叫做「四腳蝶」。

不過，如果你捉住蛺蝶，再用牙籤小心撥弄牠的胸部，會發現蛺蝶其實有一對很小的前足。這對前足已經退化，不能用來走路或著地，但具有味覺受器，牠會用前足碰觸食物品嘗味道。換句話說，蛺蝶其實也具有「六隻腳」。

日本的蝴蝶中，分類在蛺蝶科底下的斑蝶亞科、蛺蝶亞科、眼蝶亞科、喙蝶亞科等四個亞科的物種，都是前足退化的蝴蝶（只有雌性喙蝶具有六隻腳）。

☆編註：生物的分類依序是界、門、綱、目、科、屬、種。

六隻腳和兩對翅膀是昆蟲的特徵喔。

03 用清潔劑殺蟑螂吧！

因為清潔劑的毒性很強嗎⁉

你是否聽過「蟑螂一碰到清潔劑就馬上死掉，這顯示清潔劑很毒。」這樣的說法呢？

確實，蟑螂一碰到清潔劑就會馬上死掉，不管是用化學合成的清潔劑，還是用肥皂液都很有效。但原因在於蟑螂的身體結構相當特殊，和人類不一樣。

昆蟲的身體外面包覆著一層堅固的膜質，稱做外骨骼。外骨骼的表面包含一層蠟質，可防止身上的水分蒸發、能夠耐乾旱環境；而且外骨骼還可以支撐身體、保護內臟，而內側有肌肉附著，能用來控制腳和翅膀的動作，使昆蟲敏捷的運動。

蟑螂也是一種昆蟲，身體外也有一層堅固的外骨骼，而且牠身上還會分泌油脂，所以看起來總是油亮油亮的。

我們人類會從鼻子或嘴巴吸入空氣，空氣會進入肺中，讓肺的血液獲得氧氣。蟑螂也需要從空氣中吸入氧氣，但昆蟲並沒有肺這樣的器官。

不過，昆蟲的腹部側邊有著能讓空氣進入的洞，稱為氣孔，昆蟲藉由舒張／收縮腹部，從氣孔吸入／吐出空氣。

外界的空氣從氣孔進入體內，經過呈樹枝狀展開的氣管系統，然後流入昆蟲的體液中。

蟑螂

日本家庭環境中最常見的蟑螂是德國蟑螂。

如果氣孔塞住的話，蟑螂就會無法呼吸，窒息而死。用水是無法堵住氣孔的，因為氣孔附近的油脂會排開水分，保持氣孔暢通。

然而清潔劑或肥皂液就不同了，這些界面活性劑可使油與水融合在一起，塞住氣孔。因為清潔劑的效果太強，能瞬間殺死蟑螂，所以才會產生「清潔劑的毒性很強」的誤解。

04 如何製作一面鏡子？

古代的鏡子和現代的鏡子

鏡子由玻璃製成。但鏡子顯然並非只用玻璃製成，否則，照鏡子時就會看到鏡子後面的東西，自己的模樣反而看得不清楚。

那麼除了玻璃以外，鏡子還含有哪些成分呢？

鏡子正面光滑的部分是玻璃，背面還有什麼呢？用砂紙輕輕磨掉鏡子的背面，會露出銀色薄膜，接著再磨掉這層銀色的膜，就會看到透明的玻璃。

也就是說，真正發揮鏡子功能的成分，是這層銀色薄膜，它才是用來反射影像的部分，這層銀色薄膜可由銀或其他金屬組成，因為金屬可以反射光線，所以看起來閃閃發亮。

古代的鏡子（青銅鏡）

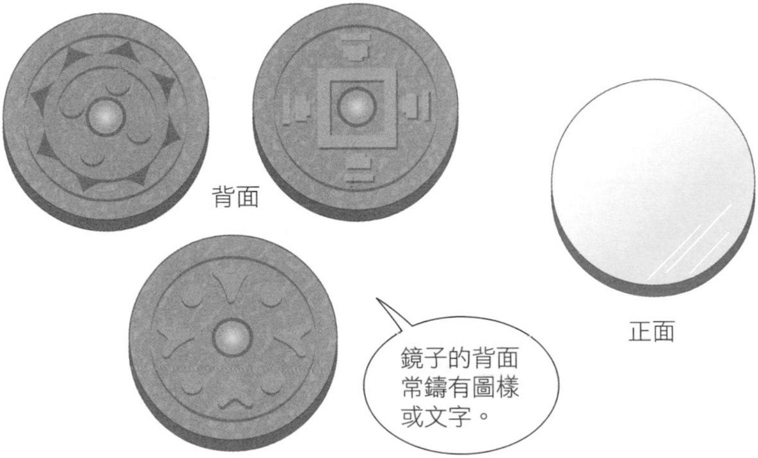

古代人不知道要怎麼製作平坦光滑的玻璃，所以會直接把金屬製成鏡子來使用，但古代並沒有高溫熔化金屬的技術，所以只能使用可在低溫下熔化的金屬，這便是青銅。把熔化的錫跟銅混合之後可得到青銅，接著再將青銅磨得平滑光亮，就製作出青銅鏡了。

從西元前四千年到西元前兩千年，埃及跟中國都開始使用青銅鏡。跟銀相比，青銅相當容易生鏽，如果直接暴露在空氣中，不久後表面就會糊掉，所以青銅器需要時常打磨。

有些博物館中會展示青銅鏡，

我們總看見它們表面有各式各樣的圖案，讓人覺得「這樣的東西可以當成鏡子用嗎？」事實上，我們看到的是青銅鏡的背面。由背面的圖樣，可以知道這個青銅鏡是在哪個年代製造的，所以博物館會將青銅鏡的背面朝外展示。如果沒有生鏽，青銅鏡的正面就會是一面光滑明亮的鏡子。

現代的鏡子在十九世紀中葉誕生。鏡子的玻璃表面鍍上一層不易生鏽，也較昂貴的銀，然後在銀薄膜上面再鍍上一層銅，用來保護塗料，這麼一來，就製造出一面不易受損，也不需要打磨的好用鏡子了。

鏡子的歷史也可以說是自然科學的歷史喔！

05 乾冰的真面目

乾冰會變成液體嗎？

在夏天購買蛋糕時，店家常會在蛋糕盒內放一些乾冰。

乾冰是冰冷的白色固體，溫度可以低到零下七十九℃，常被用來保持蛋糕或冰淇淋的低溫。如果把乾冰碎片放在空氣中，乾冰會變得愈來愈小塊。

假如把乾冰碎片放在杯子等容器之中一陣子，再將點燃的蠟燭放進容器內，接下來會發生什麼事呢？

這時蠟燭的火會熄滅。原來，乾冰在常溫下會逐漸轉變為氣體，如果把容器內的氣體注入石灰水（氫氧化鈣水溶液）內搖晃混合均勻，石灰水會轉變成白色混濁狀。

這些氣體就是二氧化碳，二氧化碳溶於石灰水時會產生化學反應，使石灰水變混濁。

假如你身邊有很多乾冰的話，試試將這些乾冰丟入水槽等大容器裡面，加進一些水，再往水槽吹一些肥皂泡。這時，肥皂泡會飄浮在水槽頂部，並在這個高度靜止。

因為肥皂泡裡面包著空氣，而乾冰是固態二氧化碳，二氧化碳密度比空氣大，所以肥皂泡就不會落到水槽底部。

一般來說，固態物質加熱後會轉變成液態，再加熱後會變成氣態。相

朝著裝有乾冰與水的水槽吹出肥皂泡的話……

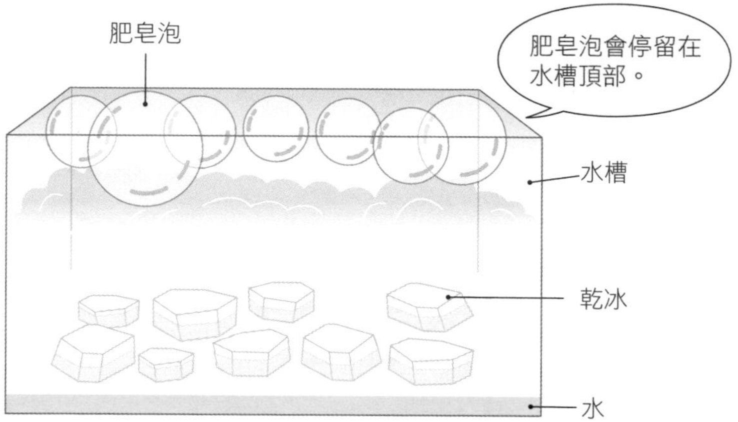

反的，氣態物質冷卻後會變成液態，再冷卻後會變成固態。

不過，二氧化碳卻會直接「從固態變成氣態」，這稱為昇華。一般冰（ice）受熱之後會先轉變成液態的水，再轉變成氣態的水蒸氣，但乾冰在轉變成氣態的過程中並不會經過液態，所以被取名為乾冰（dry ice）。乾冰的溫度遠比冰還低，徒手觸摸的話會被凍傷喔。

乾冰真的不能變成像水那樣的液態嗎？

事實上，只要施加壓力，就可以讓二氧化碳轉變成液態了。若施加五．二大氣壓以上的大氣壓力，二氧化碳會轉變成無色透明的液體。裝在高壓氣瓶內的二氧化碳，稱做「液化二氧化碳」，就經常用來製造碳酸飲料和各種冷凍食品。

我們生活環境中的大氣壓力為一大氣壓，由於二氧化碳在一大氣壓下無法以液態存在，因此會從固態直接轉變成氣態。

「白煙」的製作方式

你有沒有在電視節目或結婚典禮上，看過主角從滾滾飄動著的白煙中走出來的畫面呢？把乾冰放入水中，再用風吹出來，就可以產生這些「白煙」。

「白煙」的成分，是像霧一般的細小水滴。當乾冰轉變為二氧化碳氣體時，會吸收周圍大量的熱，使空氣中的水蒸氣遇冷凝結成細小的水霧。

還有其他方法可以製作「白煙」。從液化二氧化碳的氣瓶中直接噴出二氧化碳，就會形成許多輕飄飄的乾冰；用噴霧器把二氧化碳與油滴一起噴出，也可以形成「白煙」（另外也有只用煙霧油噴出「白煙」的方式）。

乾冰化為氣態二氧化碳時，體積會大幅膨脹，所以千萬不要在瓶子內裝入大量乾冰後密封起來，瓶子很有可能會爆裂。

如何製造乾冰

一九二五年，美國的公司成功生產出乾冰，這是人類首次大量製造乾冰，「DryIce」的名稱也是源自這家公司，那時的商品名稱就一直做為固態二氧化碳的俗稱，沿用至今。日本則是在一九二八年向美國購買設備，開始製造乾冰。

乾冰可以讓環境維持低溫，所以人們開始大量生產乾冰後，新上市的冰淇淋就可以長途運輸，而不會在過程中融化嘍。

目前的乾冰製造方式和從前基本上沒什麼差別，不一樣的地方只在於二氧化碳的來源。在過去，人們會把煤這種含碳礦物隔絕空氣加熱，產生幾乎全由碳元素組成的焦炭，接著再燃燒焦炭以產生二氧化碳。

現在的二氧化碳則來自火力發電廠或一些工廠。這些發電廠或工廠藉由燃燒石油、煤等燃料來產生能量，同時排放出含有大量二氧化碳的氣體。不過這些氣體混合了許多雜質，需經過處理才可得到純二氧化碳。

首先把氣體充分壓縮，再從小孔洞中強力噴出，這時氣體會迅速膨脹，並且溫度下降。不斷重複這個過程，二氧化碳就會凝結成液態。

把液態二氧化碳噴入乾冰壓縮機內，二氧化碳會變成像雪花一樣的蓬鬆粉末狀，這時再加入少量的水，乾冰壓縮機就會把它壓製成大塊結實的乾冰塊。

雖然這樣製造出來的乾冰仍含有少量雜質，但大部分的雜質在製造過程中的每個階段都會被逐步清除掉，所以乾冰可算是很純粹的固態二氧化碳（除了結塊時使用的水之外）。

不過，乾冰並不是食品，不能吃喔。雖然乾冰可以做為很好的冷卻劑，維持容器內的低溫，卻不建議直接把乾冰加在食物上。

06 呼吸時吐出哪些氣體？

空氣中的氧氣含量

只要活著，我們永遠都在呼吸。從新生兒的第一聲哇哇啼哭，一直到人死亡前的最後一口氣，不論何時何地，即使在睡覺，我們都一直在呼吸。呼吸可讓我們獲得空氣中的氧氣。

吸入體內的氧氣會與食物中的營養成分發生反應，產生能量，讓人體維持生命機能。

停止呼吸的話會發生什麼事呢？要是停止呼吸一段時間，短則一分三十秒、長則三分鐘，人會失去意識。

空氣中有各式各樣的氣體。在不含水蒸氣的乾燥空氣中，氧氣比例約佔百

肺的運作機制

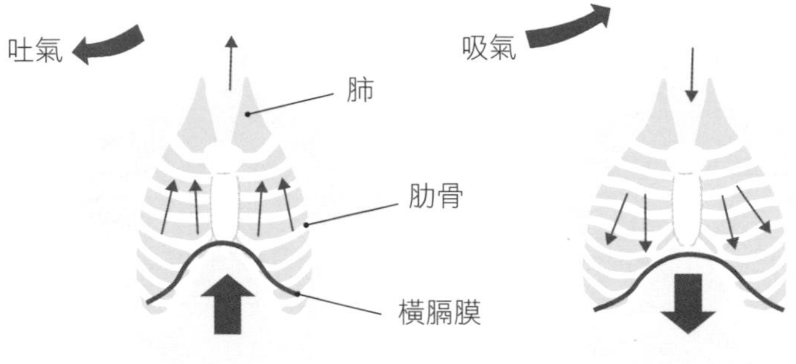

橫膈膜上升，
肺部縮小。

橫膈膜下降，
肺部膨脹。

分之二十一、氮氣比例約佔百分之七十八，這兩種氣體組成空氣的絕大部分。

空氣中還有剩下約佔百分之一的氬氣及其他氣體，氬氣是空氣中含量第三多的，可用在填充電燈泡與日光燈。至於二氧化碳只佔了百分之〇．〇四，幾乎可以忽視它的存在。

氧氣對我們來說如此重要，那麼我們一直不斷呼吸，會把空氣中的氧氣吸完嗎？

在一次呼吸裡，一般成人約可以吸入和呼出五〇〇毫升的空氣，而我們吸入的空氣中，氧氣約佔了百分之

吐氣與吸氣的比較

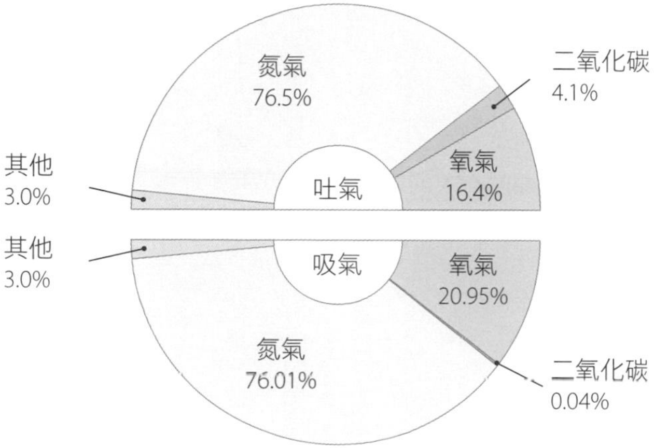

※由於吸入氣體與吐出氣體的水蒸氣含量不一樣，所以不計入水蒸氣時，氮氣的比例也會改變。

二十一，也就是說，其中大約有一〇五毫升是氧氣。

你覺得我們吸進空氣後，會消耗掉多少氧氣呢？我們吐出的空氣中還有氧氣存在嗎？

事實上，吐出的空氣中約含有百分之十六～十七的氧氣。也就是說，有八〇毫升的氧氣又被我們吐了出來，真正進入人體的氧氣僅僅約二〇毫升。

這也是為什麼我們幫停止呼吸的人進行人工呼吸急救時，只要往對方嘴巴吹氣，就可以幫他補充氧氣了。在呼吸停止後，愈早做人工呼吸，對方愈容易甦醒。

我們的腦更是需要供應大量氧氣，據說只要缺氧三～四分鐘，腦部就會失去功能。

另外，在生火的時候我們會一直吹氣，這也是因為我們吐出的空氣中含有可以助燃的氧氣。

我們吐出的二氧化碳含量明顯比吸入時還要多，從原本的百分之〇・〇四，增加到了百分之四點多。而氮氣含量理論上應是一樣的，但因為水蒸氣的影響，如果只計算乾燥空氣的話，呼吸前後的氮氣比例會出現些許落差。

總而言之，呼吸所吐出的氣體中，含量比例由高而低依序為：氮氣、氧氣、二氧化碳。

07 魚一次產下幾個卵？

數數看「明太子」有幾個魚卵……

植物會藉由開花來結成果實（種子），動物則是藉由卵來誕下後代子孫。大部分的雌性動物都有卵子，哺乳類雖然會直接生下幼體，但其實這些幼體原本也是受精卵，只是哺乳類受精卵會在母親體內發育成完整的個體。

大部分的魚會一次產下大量的卵。魚卵就在水中隨波漂浮，使用卵內的養分（就像自帶一個便當）發育成長，剛孵化成幼魚時，卵內還有剩餘一些養分，不過養分用光之後，幼魚就必須自行攝取食物維生了。

即使在成體期很強悍的魚，牠在卵期和幼魚期仍是很脆弱的個體，很容易成為其他動物的食物，或是因為沒有食物可吃而餓死。所以，卵生的魚類會一次產下大量的魚卵，來增加存活數量。

舉例來說，我們日常說的「明太子」，字面上的意思是「鱈魚的孩子」，指的是鱈魚卵，實際上就是阿拉斯加鱈魚（黃線狹鱈）的整個卵巢。只要我們能算出一副明太子（兩個卵巢）含有多少顆鱈魚卵，就可以知道一隻阿拉斯加鱈魚可以產下多少顆卵了。

不過要數有多少顆卵卻是個大工程。假設一副明太子約有一〇〇公克的卵，取其中一公克來計算有多少顆，再將這個數字乘上一〇〇，就可以得到整副明太子卵的數量了。

其實，光是一公克的明太子就有很多顆卵了，如果一公克的明太子有二〇〇〇顆卵的話，一副明太子就有約二〇萬顆卵。

阿拉斯加鱈魚約可產下二〇萬～一五〇萬顆卵，這些卵遍布在水中，只要順利發育為成體的數量比親代還要多，就能確保阿拉斯加鱈魚族群可延續下去。

當然，某些魚類還能產下更多的卵，例如翻車魚就可以產下二億八〇〇〇萬顆卵。

"比較各種魚類的產卵數……"

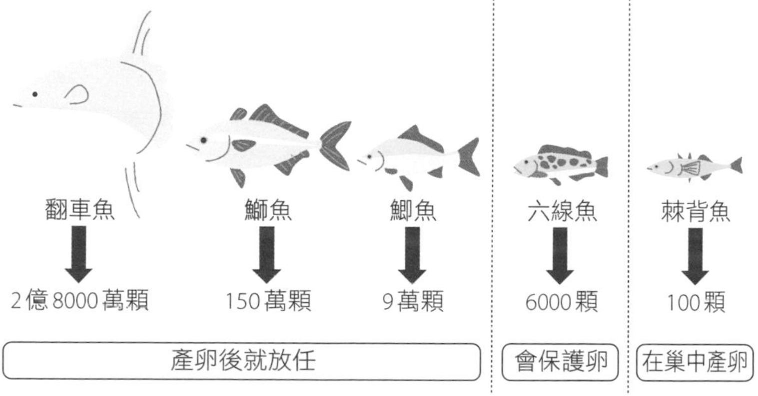

鮪魚和沙丁魚的產卵數

鮪魚是一種大型魚類，體長可超過三公尺，體重可超過四〇〇公斤，時速可在四〇公里以上，牠是君臨海中食物鏈（捕食與被捕食的關係）頂點的肉食魚類，會捕食沙丁魚、烏賊等動物。

鮪魚一次約可產下一〇〇萬～一〇〇〇萬顆卵，但被捕食的沙丁魚卻只會產下一〇萬顆卵左右，為什麼有這樣的差別呢？

鮪魚在熱帶或亞熱帶的海域中產卵，而卵會漂浮到海面上隨波逐流。

棘背魚

隨著洋流的變化，海水的溫度、鹽度也會不一樣，若處於不合適的海水環境，卵就會死亡；如果做為幼魚食物的浮游生物數量不足的話，幼魚也會餓死。

而且鮪魚幼魚之間會彼此捕食，幼魚也會被其他大魚捕食，所以即使是鮪魚這麼強悍的魚，大部分的個體都在幼魚期間就死亡了。不論是鮪魚或沙丁魚，牠們在卵或幼魚階段時都很脆弱。

沙丁魚發育為成魚所需的時間比較短，魚群數量會迅速增加；但鮪魚需花費很多時間才會長為成魚。沙丁魚這種小型魚類的增長速度，是鮪魚等大型肉食魚類的十倍。因此，被捕食的沙丁魚產卵數雖然比屬於捕食者的鮪魚還要少，牠也不會因此而滅絕。

此外，某些淡水魚具有照顧卵和幼魚的習性。例如棘背魚的雄魚就負責築巢，讓雌魚在巢中產卵，之後雄魚便守護著巢和卵，牠會引入新鮮的流水到巢內，照顧卵孵化為幼魚。

在親代照顧下的棘背魚有很高的機率可以平安長大，所以產卵數比較少，大約一〇〇顆左右。

08

獅子和斑馬誰生的小孩多？

獅子真的是百獸之王!?

非洲大草原住著獅子和斑馬。

獅子是常與老虎並列的大型貓科動物。成體的雄獅體長可達二・七公尺，體重可達二〇〇公斤左右。雌獅體型則稍微小一些。

獅子的力氣很大，運動能力很強，牠可以撲倒體重近三〇〇公斤的斑馬，奔跑的速度可達時速六〇公里（也有學者認為時速可達八〇公里），不過，獅子只能維持這個速度奔跑二〇〇公尺左右，是個只擅長短跑的動物。另外，獅子的跳躍距離可達二一公尺以上。

那麼，獅子和斑馬誰一次生下的後代數目比較多呢？

斑馬親子與獅子親子

應該不少人都曾在電視新聞或節目上看過斑馬親子與獅子親子的畫面吧，如果你有注意到，母斑馬旁通常只有一匹小斑馬，母獅旁則有好幾頭小獅子。

事實上，斑馬一次通常只生下一匹小斑馬，獅子一次則可生下一～六頭（通常是二或三頭）小獅子。

獅子在稀樹莽原地帶的環境中，位於食物鏈頂點，母獅居然會一次生下那麼多頭小獅子，是不是讓人覺得奇怪呢？

獅子是力氣很大的動物，不過只有成年獅子才有足夠的力氣，幼獅其實是相當弱小的動物，甚至可能會被鬣狗等肉食動物捕食。另外，經驗不足的年輕獅子，在獵捕斑馬或羚羊等草食動物時，經常會失敗，因為這些草食動物奔跑速度極快、跳躍能力很強；即使是成年獅子，要獵捕這些動物也沒那麼容易，許多獅子就因為抓不到獵物而餓死。

獅子從反覆失敗的經驗中，逐漸學習到狩獵的方法。就算是成年獅子，也可能會碰到一整個星期都捕不到獵物的時候，即使獅子被稱做百獸之王，卻也一直生活在生死邊緣。

相較之下，小斑馬在出生後馬上就能站立起來，然後跟隨在母斑馬後面。草食動物的懷孕期比肉食動物還要長，斑馬胎兒會在母斑馬體內成長到有辦法逃離天敵襲擊的程度，然後誕生到世界上。

會被獅子等肉食動物吃掉的斑馬大多是身體虛弱的個體，能夠安然存活下來的斑馬大多很健康，並有適當的數量可組成群體。加上斑馬的食物是不會逃走的青草，所以和經常餓肚子、不容易獲得食物，大多年紀輕輕就死亡的獅子相比，幼年斑馬的存活率明顯高出許多。

動物園裡的獅子都在睡覺，自然界的獅子又是如何呢？

我們到動物園參觀時，看到的獅子通常都在睡覺。那麼自然界的獅子又是如何呢？

自然界的獅子也會花很多時間睡覺，一天可以睡到二十個小時左右。因為捕獵相當需要集中力，也需要身體和精神層面的爆發力；而且，獅子在找到獵物之前都在不停四處遊走，可能從傍晚一直走到隔天中午，都沒有東西吃。考慮到如此大量的能量消耗，獅子其他時間都在休息也是理所當然的事。

獅子的個體相當凶猛強悍，但卻是一個很弱勢的物種，地球現存的獅子數量正持續減少當中。

09 直徑〇・一毫米的受精卵

我們真正的生日

一般來說，我們的「生日」是指我們從媽媽的肚子中出生的那一天。不過，在「生日」之前的約兩百七十天，我們就已經活在媽媽肚子內了。所以，我們「真正的生日」可以說是出生那天的兩百七十天前。

在出生的兩百七十天前，我們是一顆直徑約〇・一毫米的受精卵，只是一顆細胞。受精卵是女性的卵與男性的精子結合形成的。

一般來說，女性的卵巢每個月都會排出一顆卵。如果卵在排出後的二十四小時內沒有受精的話就會死亡。

另一方面，男性的睪丸一次會排出一億個以上的精子，但是，能夠抵達卵附

人類是由一顆細胞發育而來的

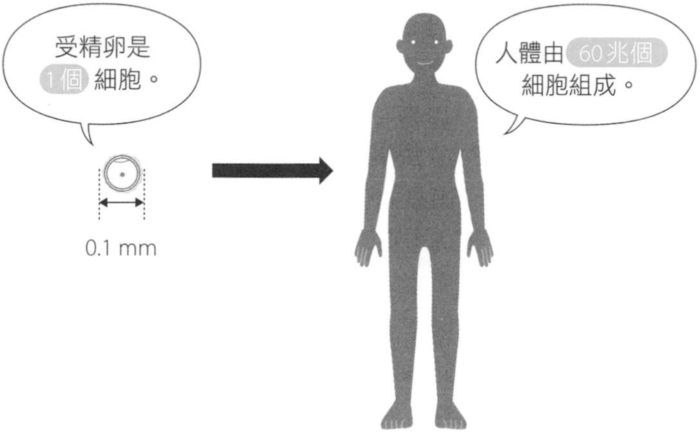
受精卵是
1個 細胞。
0.1 mm
人體由 60兆個
細胞組成。

近的精子約只有一〇〇個，而最終能夠和卵結合的精子則只有一個。

怎麼知道媽媽懷孕一個月了？

所謂的懷孕週期跟胎兒發育週期並不一樣喔，想要知道「實際懷孕一個月」沒有那麼好算，因為在現實中人們很難確定受孕日，也就是精子和卵子結合的日期，所以孕期都是從媽媽最後一次生理期的第一天開始算，一般來說，從這天算起的約兩週之內會排卵。

懷孕一個月↓胎齡大約兩週
懷孕二個月↓胎齡大約六週

懷孕三個月↓胎齡大約十週

懷孕四個月↓胎齡大約十四週

……

懷孕十個月↓胎齡大約三十八週

大致上是這樣計算。

也就是說，懷孕的第一個月大約在受孕後的兩週內，從受精的那一刻開始，就已經當成懷孕兩週了。

從受精卵到胚胎

卵在受精後的二十四小時之後會開始分裂，這種現象稱做卵裂，從一開始的一個細胞分裂變成兩個細胞，兩個變成四個，四個變成八個，以此類推倍增細胞數量。

分裂出來的細胞仍聚成一團，彼此緊黏在一起。

受精過後的四天半，細胞數量會超過一〇〇個，到了這個階段，我們就不

由受精卵發育成胚胎

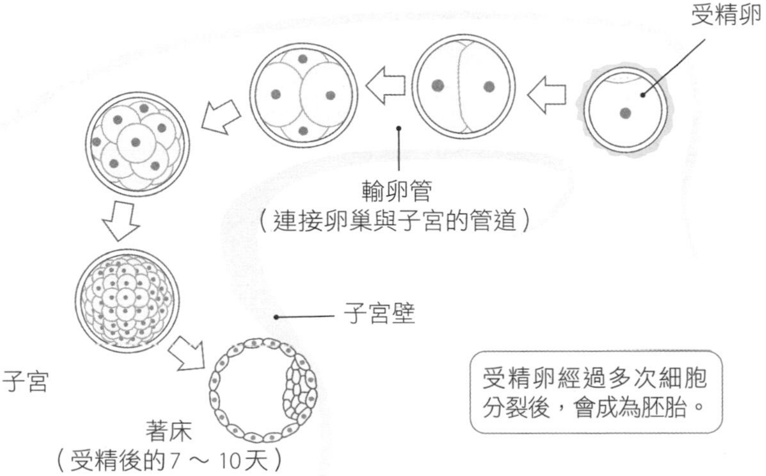

再稱它為受精卵，而是改稱做「胚胎」。也就是說，最初只是單一個細胞的受精卵，持續分裂後，會成為由超過一〇〇個細胞所構成的細胞團（胚胎）。

在受精後大約七天，胚胎會抵達媽媽的子宮著床，陷入子宮壁內。在這之前，胚胎就像隨風飄揚的種子一樣在輸卵管中漫遊，僅靠細胞內的養分維持細胞功能。著床之後，胚胎就可透過胎盤從母體獲得充分的營養與氧氣。

懷孕初期的胚胎與胎兒的樣子

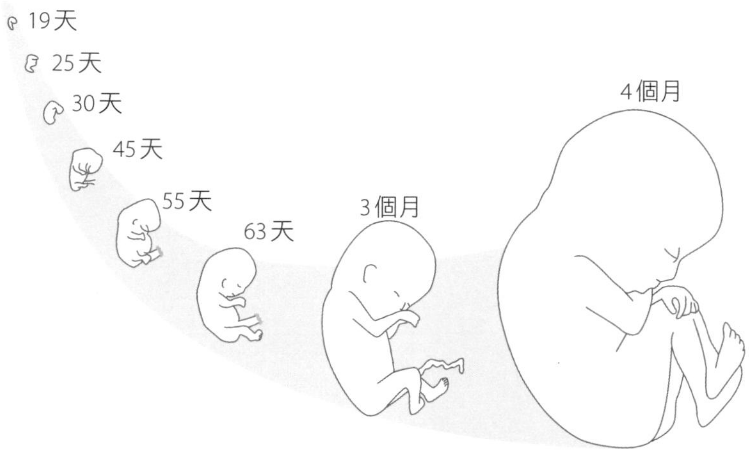

不同性質的細胞

胚胎細胞最終會發育為各種不同性質的細胞。受到基因調控的關係，胚胎細胞在不斷分裂的過程中，有些細胞會轉變為皮膚細胞、有些細胞轉變為骨骼細胞、有些細胞轉變為肌肉細胞，身體各個細胞逐漸有了各自的形態和功能。

像這樣陸續分裂出各種不同性質細胞的過程，稱為「細胞分化」。

要是沒有出現「分化」過程的話，人們的身體可能就只會是一團肉塊，沒有長出脊椎骨、沒有手腳，也不會形成臉孔跟毛髮，因此「細胞分化」是相當重要的階段。

德國麻疹與胎兒

德國麻疹又叫做風疹，對德國麻疹病毒沒有免疫力的女性，若在懷孕初期感染了，會把病毒傳染給胎兒，使新生兒出現一系列統稱為「先天性德國麻疹症候群」的症狀，包含心臟病、白內障、聽力缺損、視網膜病變，以及智力、身體的發育遲緩等。

為什麼在懷孕初期對胎兒的影響特別大呢？這是因為，胎兒的身體發育需在懷孕初期奠定基礎。包括心臟、腦、眼睛、耳朵、手腳等重要器官，大約是在懷孕的最初十週形成。

一九六四年的初冬至一九六五年的初夏，沖繩地區曾爆發過德國麻疹大流行。那時有三六一名嬰兒出現心臟病、白內障等症狀。德國麻疹病毒感染胎兒後，會破壞胎兒細胞，並降低細胞分裂的機率。

胎兒的成長

受精過後兩週，胚胎會成長到約一毫米大。這個時候的胚胎有著長長的尾巴，甚至還有像是鰓一般的構造，很難想像是人類。在人類胚胎發育過程中，外觀會有很大的變化，有人曾認為，胚胎一開始長得像魚類、兩生類、爬行類、哺乳類，最後才變成像人類，就像回顧一遍生物演化過程一樣。不過後來這個論點被推翻，因為實際上人類胚胎跟其他動物並沒有很像。到了懷孕的第七週，胎兒外觀看得出人形了。

受精過後七週，胎兒的手腳變得清晰可見，在這個階段，寶寶的活動也愈來愈旺盛。受精過後八週，寶寶可成長到四公分大。

受精過後二十一週，胎兒身長可達三〇公分，手腳也愈來愈長。受精過後三十週，胎兒的大小已和出生時差不多，身長約為四〇公分、體重約為二〇〇〇公克。受精過後三十八週，胎兒約可成長到身長五〇公分、體重三〇〇〇公克。

胚胎發育的模樣

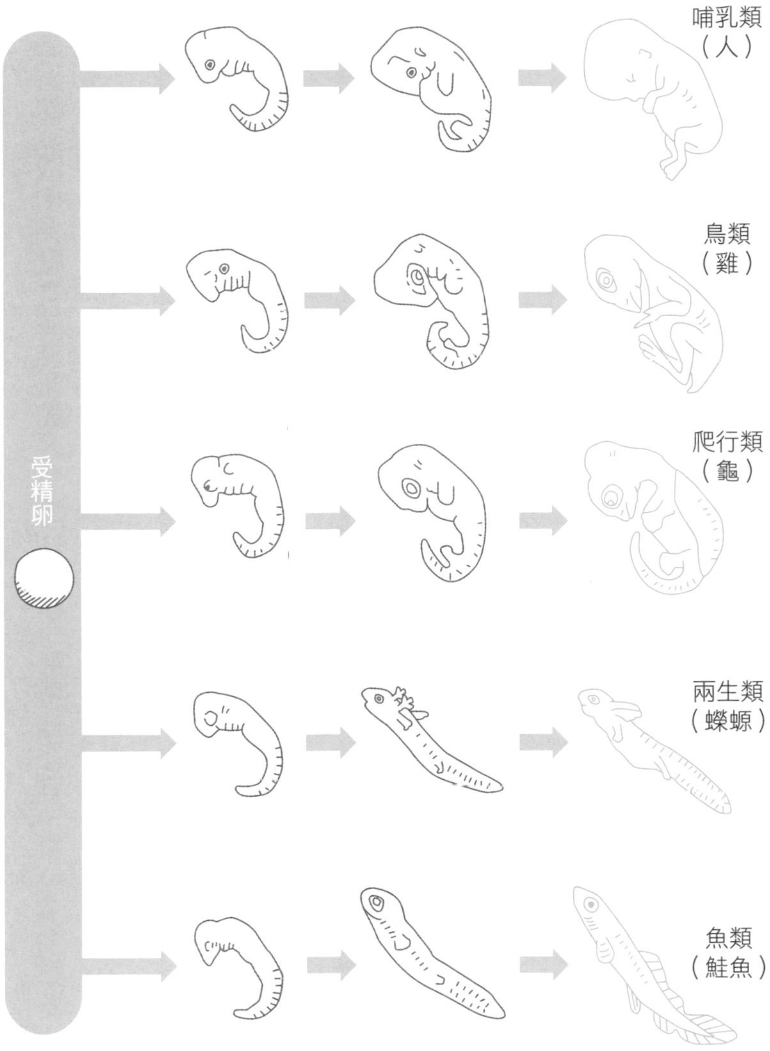

10 胎兒會大小便嗎？

直到能小便和大便之前

當我們還在媽媽肚子內時，是怎麼大小便的呢？人吃下食物後，食物會經過口腔、胃、小腸的消化，最後由小腸腸壁吸收養分，進入血管中。無法消化的食物殘渣則不會進入血管，而是經過大腸之後再排出體外，這就是大便。換句話說，如果沒有從口腔吃下東西的話，就不會排出大便。

那麼小便又是如何形成呢？我們體內的細胞只要還在運作，就需要吸收養分。細胞分解養分，產生能量以維持生命活動，在分解養分的過程中，會產生不需要的廢物，主要成分是氨與二氧化碳，其中二氧化碳會經血液運輸到肺，再藉由呼吸排出體外。

細胞的代謝

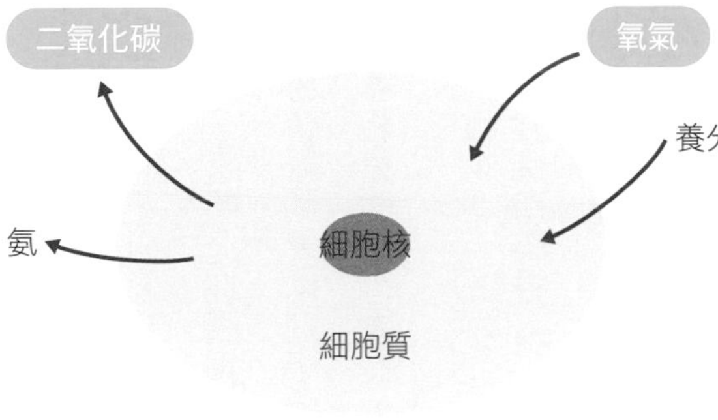

至於氨則是毒性很強的物質。首先，氨經由血液運送到肝臟轉變成尿素，然後再送到腎臟過濾，接著尿素與多餘的水分被送到膀胱儲存，最後排出體外，這就是尿液。大便和尿液雖然都是體內產生的廢物，但形成過程完全不同。

人類胎兒在母親體內發育三個月後，便能長成十公分左右大小，這時胎兒體內已形成各種消化器官，以及肝臟、腎臟等器官。但因為沒有任何食物從胎兒口腔進入，所以也不會有大便。

因為母體會將胎兒需要的養分經

由臍帶送入胎兒體內，胎兒不需要從口腔攝取食物，所以理論上不會大便。

但事實上，仔細調查後發現，胎兒經常從嘴巴喝入羊水，而羊水內混雜了細胞碎片與各種無法消化的成分，這些物質會逐漸累積在胎兒腸道內。所以在胎兒出生後，會排出黑色黏膩的大便，又稱做「胎便」。

另一方面，只要身體的細胞正常運作，就會形成尿液，需要排出體外。因此，當胎兒在媽媽的肚子內成長了數個月，肝臟與腎臟大致發育完成後，就開始會排尿到媽媽肚子內的羊水中。

隨著胎兒的發育成長，尿液量也逐漸增加。不過，胎兒的尿液也不會一直積存在羊水內。

胎兒會由口腔吞入羊水，而這些羊水中也包含了胎兒自己的尿。或許你認為「喝自己的尿好髒」，但你其實不用擔心。

胎兒的尿液中沒有細菌，所以一點也不髒。從口中喝下了尿，這些尿液會經過胃，來到小腸，再進入大腸，然後穿過細胞膜，進入血管內。

進入胎兒血管的尿液，會透過臍帶運輸到母體血管中。也就是說，真正負責

胎兒透過臍帶與母體相連

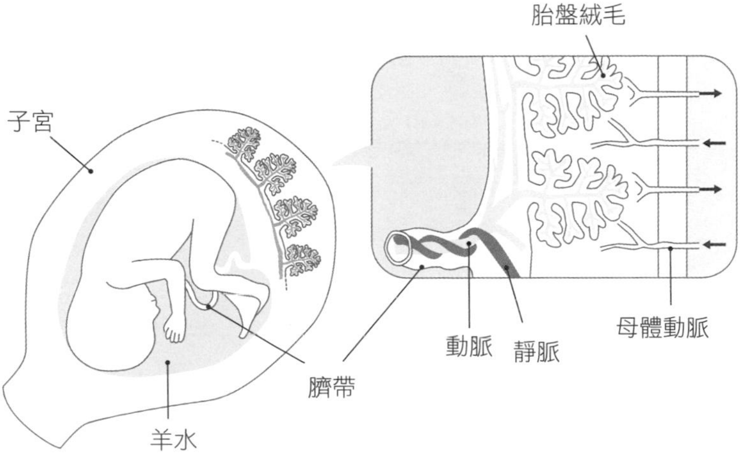

處理胎兒尿液的是母體腎臟，母體腎臟需要夠強韌，才能承擔這個任務。

懷孕的女性經常有腿部浮腫的問題，這就是她們腎臟承受了沉重負擔的證據。

11 大小便的二三事

大便和小便差很多

所有動物都會大小便，因為動物沒辦法像植物一樣自行製造養分，必須吃下從外界而來的食物才能獲得營養。動物吃下其他生物後，經過身體消化作用，由腸道吸收養分，然後透過血液將養分運送到全身各處。

但食物中有些成分無法被消化，那些剩下來的食物殘渣就會形成大便。

再來談談小便。我們喝水之後會引起尿意，但水分並不是原封不動就直接做為尿液排出來。事實上，尿液中含有大量從細胞產生的廢物與毒素（稱做老舊廢物）。細胞產生的老舊廢物會由血液帶走，然後再跟水分一起形成尿液，最後排出體外。

一條貫穿身體的單行道

我們的口腔到肛門之間是一條長達九公尺的管狀構造，稱為「消化道」。我們從口腔吃進食物，送入消化道，最後形成大便，從肛門排出。

食物進入口中後，會陸續跟口中的唾液、胃中的胃液、胰臟分泌的胰液、膽囊釋出的膽汁，以及小腸分泌的腸液混合，在過程中消化道肌肉不斷伸縮蠕動，推送食物團在消化道內緩緩前進。

食物經過消化作用後，原本不溶於水的大分子會變成可溶解的小分子，身體便能夠吸收這些養分。即使如此，還是有小腸無法消化的成分，它們接著被送往大腸。

大腸的長度約為一公尺半到二公尺，無法被消化的食物殘渣就在大腸內緩緩移動，大約待上十二小時到二十四小時。在這段期間，大腸會持續吸收食物殘渣的剩餘水分，讓殘渣變硬成形，成為長條狀的大便，最後，大便通過直腸，被送到肛門排出體外。所以說，大便就是人體無法消化的食物殘渣。

消化道的結構

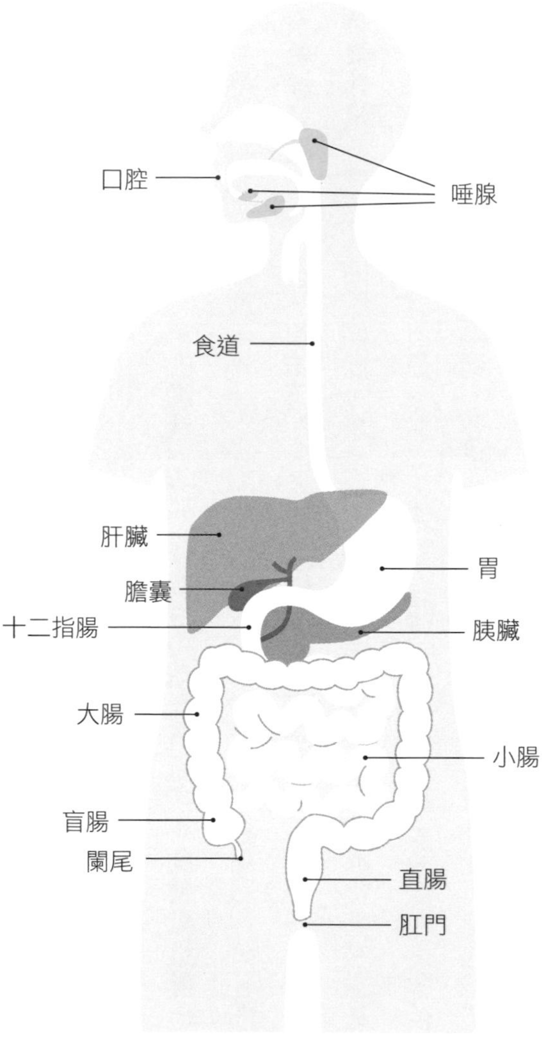
口腔
唾腺
食道
肝臟
胃
膽囊
十二指腸
胰臟
大腸
小腸
盲腸
闌尾
直腸
肛門

魚類和兩生類沒有大腸。在演化順序上，爬行類以後的脊椎動物以陸生動物為主，可能因為在陸地上生活較不容易保存水分，所以才演化出大腸的構造，幫助動物吸收更多水分。

大便是聚集成塊的大腸菌？

人體腸道內的溫度適中又含有養分，所以是相當適合細菌繁殖的家園。事實上，腸道細菌的數量大約有一〇〇兆個，比我們全身細胞的總數（六〇兆個）還要多。

不過，細菌的大小只有人體細胞的十分之一，總重量最多也就一公斤左右。所以就算體內有那麼多細菌，也不會撐大我們的肚子。順帶一提，人類大便重量有三分之一以上是細菌的重量。

若有人問：「大便中含有哪些細菌呢？」大部分的人應該會先想到「大腸桿菌」吧？

聽到大腸桿菌這個名字，會讓人覺得它應該是大腸內的代表性細菌才對，不過，腸道內的大腸桿菌數量只有約一〇〇〇億個，也就是說，大腸桿菌只佔了所有腸道細菌數量的千分之一左右，實在不算多。

但因為大腸桿菌很容易在人體外人工培養，它在實驗室中增長迅速，又很容易鑑定，可跟其他細菌區別出來，所以大腸桿菌可以做為指標性的腸道細菌。

人類第一個發現的腸道細菌就是大腸桿菌。那麼，大腸桿菌又是怎麼進入人體的呢？其實胎兒在媽媽肚子內時，處於無菌狀態，大腸桿菌是在嬰兒出生後，才進入嬰兒體內。

從母體產道產出的過程中，嬰兒會接受一番細菌洗禮。自從誕生後，在床鋪上、空氣裡、媽媽哺餵時都有各種好菌、壞菌存在，這些細菌接觸到嬰兒，就開始在皮膚上、消化器官裡面繁殖。

大腸桿菌是一個大家族，目前已知的大腸桿菌種類超過一七〇種，有些種類的大腸桿菌甚至會引起食物中毒，例如「腸道出血性大腸桿菌O157型」。不過，大多數的大腸桿菌都能夠合成維生素，抑制體內有害細菌增殖，維護我們的腸道健康。

尿不出來的話就會死

人體消化食物中的養分，持續不斷的進行「氧化作用」來產生能量，並且清除老舊細胞、製造新的細胞，這個過程就稱為新陳代謝。

這些過程中會產生「氨」這種有毒物質，也會產生二氧化碳等其他廢物。二氧化碳可以從肺部直接排出，但氨有一定毒性，必須經過處理，降低毒性後才能排出。

細胞產生的氨會先釋放到血液裡，然後被運送到肝臟。肝臟細胞可以把有毒的氨跟二氧化碳合成在一起，得到「尿素」這種毒性比較低的物質。

如果肝臟變得不健康，無法解毒，那麼當有毒的氨進入腦部，就會使腦細胞受損，患者會漸漸分不清今天是哪一天、不曉得自己在何處、容易陷入昏睡狀態。若放著不治療，甚至可能導致死亡。

尿素的毒性比氨還要弱，但如果累積過多，身體也會出問題，所以還是要盡可能排出尿素才行，因此接下來，從肝臟合成的尿素被血液運送到腎臟。

腎元的運作機制

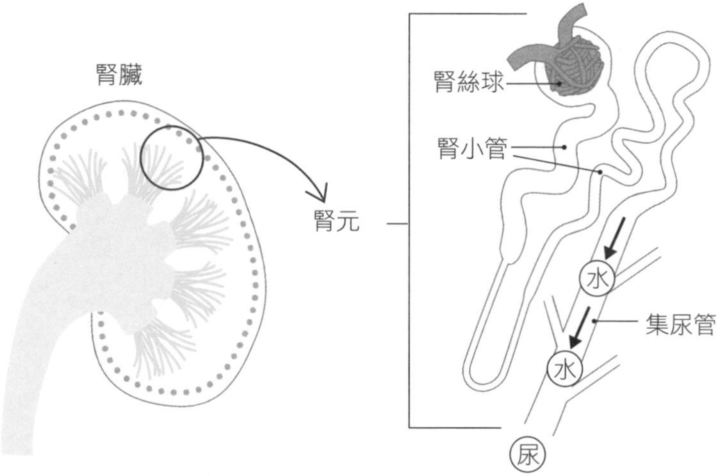

腎臟是超高性能的血液淨化裝置

腎臟位於腹部後方，左右各有一顆，大約是拳頭大小，形狀彎彎的，像蠶豆一樣。

一顆腎臟約由一〇〇萬個腎元（腎的基本單位）所組成，腎元具有過濾、淨化血液的功能，不過實際有在運作的腎元大概只佔了百分之十左右，剩下的備而不用。因此，腎臟捐贈者即使摘除了一顆腎臟給需要的人，也不會對生活造成影響。

血液進入腎元後，首先通過裡頭的腎絲球，它由一團微血管所組成，呈毛球狀，腎絲球把血液中的液體成分——血漿過濾出來，成為原尿。原尿中除了有尿素等身體不要的廢物之外，還包括大量的水、葡萄糖、胺基酸、鈉、維生素等身體可利用的物質。

接著，原尿通過腎小管，腎小管的任務就是選擇性的回收原尿中有用的物質，再吸收回到血液內，不讓它們白白流失。

腎臟每天會過濾出一八〇公升的原尿，實際上最後成為尿液的部分只佔了約百分之一。也就是一瓶一升日本酒的容量（約一八〇〇毫升）。

腎臟生成的尿液最後被運送到膀胱儲存，累積到一定量之後排出體外。對人們來說，排尿是排出體內毒素的重要機制。

Part2

生命世界實在太神奇！

01

品種改良史——不斷改良至今的稻米與豬

人類辛苦的結晶——稻米

我們的主食米飯，是稻子的種子去皮加工後所得到的食物。稻這種植物原本生長在熱帶地區，經過人們改良特性後，才開始能夠適應熱帶以外的環境，在繩紋時代至彌生時代之間（約一萬年前到二三〇〇年前）稻米被引進日本栽種。目前做為農作物栽培的水稻，是人類長久以來「品種改良」的結果。

野生稻的花粉接觸自己的雌蕊時並無法授粉，只有用其他稻子的花粉接觸自己的雌蕊，才可成功授粉繁殖，這種特性叫做「異花授粉」，所以野生稻永遠都是雜交品種。

雜交讓稻子可以產生各種不同基因特性的種子，所以即使環境忽然變化，或者發生病害蟲害，一次造成全部植株死亡的機率也比較低。對於稻子來說，某些個體能在環境變化時存活下來，具有很重要的意義。

不過，對於種稻的人類而言，「異花授粉」這個特性就顯得相當麻煩了。因為這樣一來，稻子會結出各種不同特性的種子，無法長成一群特徵統一、品質穩定的作物。

在漫長的稻米栽培歷史中，人類終於讓稻子的雜交特性完全消失。現在的稻子在開花之後，會馬上用自己的花粉授粉給雌蕊，最後成功結成種子，稱為「自花授粉」。

這讓人類能夠一次種出大批相同特徵的稻子，耕種時更方便了。但也因此，這些稻子一旦面對環境變動與病蟲害時，抵抗力特別弱。

野生稻的種子很小，成熟時會自動掉落，而且一株稻子的種子不會一次全部成熟，而是會分批在不同時間點成熟。對於植物來說，種子是用來繁衍後代的，所以會希望盡可能把種子散播到遠方各處。假如植株上的所有種子一口氣全部成

成熟後下垂的稻穗 —— 這也是人類改良的結果

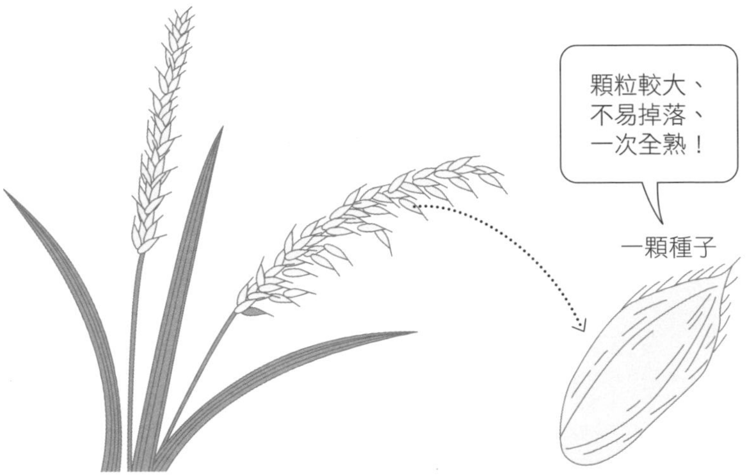

熟的話，就會被鳥或其他動物一口氣全部吃掉了。

不過就種植農作物而言，人們會希望一顆種子內的營養愈多愈好、種子成熟後不要自然掉落、最好稻穗上的種子還能一次全部成熟。

栽培稻米時，收穫的種子有一部分會用在下一次播種，人們會刻意從中挑選出具有「顆粒大、成熟後不易掉落、能夠一次全部熟透」等特性的種子。用這種方式持續篩選稻米，經過幾百年、幾千年後，就得到了目前的稻米品種。

人類大幅改造了野生稻的特性，

讓它變得容易栽培和採收，卻也使得做為農作物的稻子，不容易在野外自然環境中生存。

也就是說，改良後的稻子需在有人類管理的農田內才能成長繁殖。農業的發展使人類從狩獵採集、居無定所的生活，轉變成在固定地點居住的生活。

用水田種稻的原因

日本靜岡縣的「登呂遺跡」還留有距今約一八〇〇年前的水田遺跡。自彌生時代起（二三〇〇年前），人們就已經懂得用水田來種稻了，稻子原本和稗、粟一樣，都是長在旱田裡的植物，為什麼人們後來改用水田種稻呢？

如果旱田長出雜草的話，稻子在養分競爭上一定會輸給雜草。於是古代人們栽培稻米時，就想了一個讓稻米勝過雜草的方法，那就是讓農田積水。

稻子種在水田裡時，根會產生一個能讓空氣通過的特殊組織（通氣組織），如此一來，稻植株可以在通氣組織交換氣體，稻葉製造的氧氣也能送到根部，根部就不會缺氧，可持續成長。相反的，雜草的根在水田內會被淹死。

野豬與家豬體型的比較

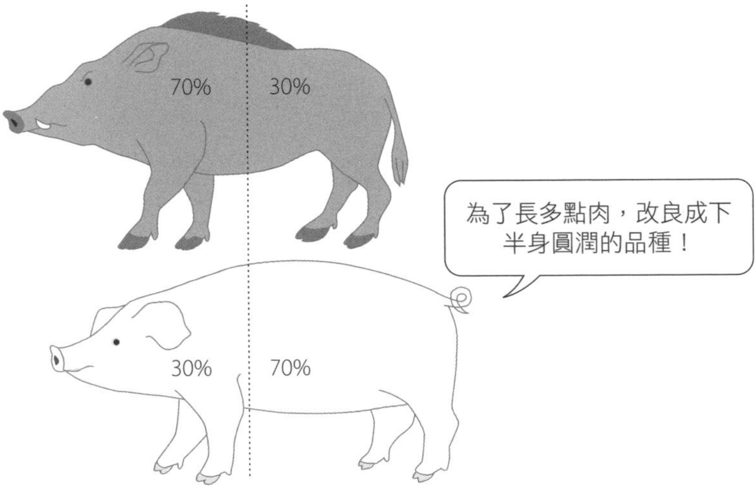

從還沒出現除草劑的古早彌生時代開始，米飯就一直做為人類的主食，就是因為水稻能在水田中生長，在生存競爭中贏過了雜草。

人類將野豬改良成家豬

人們曾培育一種名為「野家豬」（boar-pig hybrid）的品種做為「食用肉」。這是由雌性家豬與雄性野豬交配後得到的家畜。

家豬與野豬可雜交產生後代，就表示這兩種動物在生物學分類上算是同一個物種☆。

跟一般野生動物相比，野豬什麼

都能吃，而且飼養容易、生下的後代數量也多，所以人類從很久以前就開始飼養野豬做為家畜，並經過長年累月的品種改良，得到現在的家豬。

在野豬馴化為家畜的過程中，家豬身上出現了許多野豬不具備的形態與特性。在山區生活的野豬身材健壯，鼻子較長，雄野豬的下顎犬齒伸長為獠牙，凸出嘴外；而且野豬個性粗暴、動作靈敏、奔跑速度快、擅長游泳。

相較之下，馴化後的家豬則下半身圓潤、身上的肉比較多、鼻子較短、臉部比較多皺摺，且個性溫和。

家豬的成長速度比野豬還要快，野豬需花一年以上才能長成體重九〇公斤的個體，家豬卻只要六個月就夠了，速度是野豬的兩倍。

另外，家豬的繁殖力遠比野豬旺盛。一般來說，野豬每年會繁殖一次，平均一次生下五隻（三～八隻）仔豬；家豬每年可繁殖二．五次，平均一次生下十隻

☆編註：家豬因為受人為培育，外觀特徵和野豬產生差異，所以區分為不同「品種」，但實際上兩者基因型差異還不算很大，仍然可以交配繁殖後代，所以是相同「物種」。

仔豬，有些品種甚至一胎可以生出近三十隻仔豬。由於後代數目不同，家豬的乳頭數目也比野豬的多，野豬有五對乳頭，家豬則有七～八對。

野豬需花費兩年的時間，才能從仔豬成長為有生育能力的成年豬；家豬僅需四到五個月大，就已具備生育能力。

那麼野豬有獠牙，家豬卻沒有，這也是品種改良的結果嗎？答案是錯的。其實家豬也有獠牙，但人類飼養時，會在仔豬的乳齒時期就把牠的犬齒拔掉，避免咬傷人和豬。而家豬之所以沒有像野豬那樣細長的尾巴，則是因為家豬會咬其他同伴的尾巴，所以在仔豬時期人們就會剪掉牠們的尾巴。

02 就是差這麼多，野生植物與栽培植物

即使發芽三條件齊備，野生植物也沒那麼容易發芽

日本小學的自然課中曾教過，種子發芽的三個條件是：「充足的水分、適當的溫度、空氣」。

那麼，集滿這三個條件之後，種子就一定會發芽嗎？

事實上，具備這三個條件之後，種子就會發芽的植物，僅限於經過人工品種改良後的栽培物種。人們為了農作方便，會把栽培植物改良成所有種子能同時間一起發芽、能在同樣的條件下成長、能一起開花和結果。

但如果野生植物具有一起發芽的特性，那麼當自然環境大幅變動時，整個族

研究發芽條件的實驗

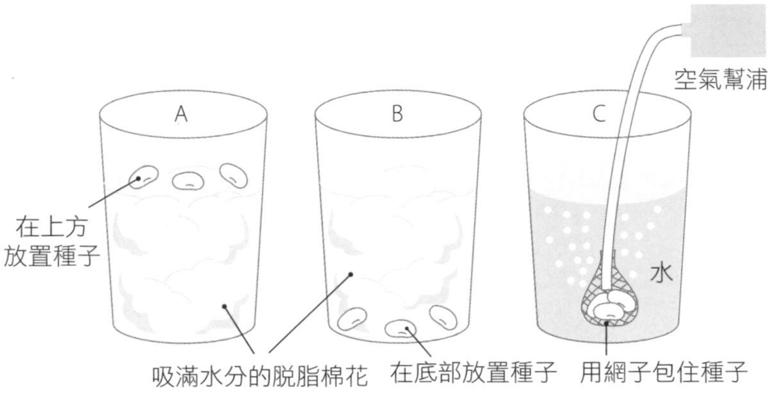

A和C會發芽。B則因為空氣不足，所以不會發芽。

群可能就會一起滅絕消失。因此，野生植物即使同時結出種子，也會錯開時間，分批發芽。

舉例來說，有某種植物是在秋天結出種子，等到春天發芽。其實秋天的溫度與春天差不多，也是適合發芽的溫度。假如種子在秋天發芽，在地面展開葉子的話，會發生什麼事呢？如果它是耐寒植物，挺得過寒冬的話，倒是沒什麼關係，不過對於大部分的植物來說，到了冬天，就會因為過度寒冷而死亡。

因此，多數在秋天結種子的植物，為了讓種子能在春天發芽，會先讓種子進入休眠狀態，以度過冬天。

直到高溫或劇烈的溫度變化，打破種子的休眠模式，或是種子感受到充分的陽光後，就會開始發芽程序。

不同植物的種子，觸發它們發芽的條件也不一樣。「充足的水分、適當的溫度、空氣」是發芽的必要條件，但如果某種植物「齊備這三個條件就能發芽」的話，可能反而讓這個植物無法在自然界中生存。

光線對野生植物發芽時機的影響

對於多數栽培植物的種子來說，只要具備「充足的水分、適當的溫度、空氣」等條件，不管周圍環境是暗是亮，通常都可以成功發芽。也就是說，「光線」並不是栽培植物的發芽條件。

不過，對大部分的野生植物種子來說，「光線」仍然是發芽所需的條件，但對於不同植物的影響程度並不相同。一項調查指出，在九六四種德國的野生植物種子當中，光線可促進百分之七〇的種子發芽，卻會抑制百分之二十七的種子發芽，而剩下百分之三的種子則不管在有光或無光的情況下，都可以發芽。

種子發芽之後，會展開葉片，開始行光合作用，自行製造養分。如果種子在有光照的地方發芽，那麼展開葉片之後就可以馬上開始光合作用。

如果種子很小，就好比「自備的營養便當很小」，假如又在陰暗處發芽的話，很可能在莖延長到有光源的範圍之前，種子內的養分就用完了。

如果種子「自備大便當」，那麼即使它們在陰暗處發芽，也有足夠的養分讓莖延伸得很長，就有時間和機會可以接觸到光源。同時，在陰暗環境下，那些以光照為發芽必要條件的種子就長不出來，因此，能在陰暗處發芽的種子，又少了一些競爭對手。

日本小學的自然課中，會用菜豆來做發芽實驗，菜豆是人工栽培的植物，種子比較大顆，它在沒有光照的環境下也能發芽。

另一方面，萵苣雖然也是人工栽培的植物，但萵苣的種子要是沒有照到光，就不會發芽。光照可以打破萵苣種子的休眠模式而發芽，所以在播種這類植物的種子時，不會把土覆蓋在種子上。

仔細觀察豆芽菜後會發現……

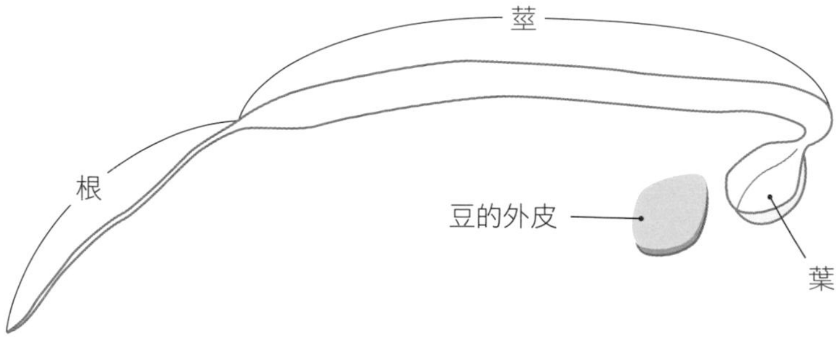

日語的豆芽菜是「萌芽菜」

日語的豆芽菜寫成漢字時為「萌やし」。「萌える」是「種子發芽、草木長出新芽」的意思。而「萌やす」則是「使其發芽、製造嫩芽」的意思。「萌やし」是「萌やす」的名詞型。

豆芽菜是將豆類種子浸泡於水中，讓它們在無光環境中發芽後得到的產物。

從豆芽菜包裝上的商品標示，可以看出這包豆芽菜是由哪種豆類發芽而成。在市面上流通的豆芽菜可分為大豆、綠豆、吉豆等三種。

拿起一根豆芽菜來觀察，可以看到豆芽菜的一端像植物根部末梢一樣細，另一端則連著小小的葉子和豆子外皮。

在無光環境下栽培出來的豆芽菜不會呈現綠色，而是白色、細長彎曲的樣子。在種子發芽之後，豆芽菜就會開始製造出種子所沒有的養分。

在發芽後的數天內，種子會大量製造維生素與胺基酸等成分，因此豆芽菜可說是富含各種營養的食物。

我們通常把豆芽菜當做一種食用蔬菜。除了豆芽菜以外，麥子發芽後得到的「麥芽」也可做為啤酒與麥芽糖的原料。

豆芽菜是在哪裡發芽的呢？

市面上的豆芽菜都是由工廠大量生產，生產豆芽菜時，不需要把種子埋入土中，也不需要施肥。豆芽菜可以在無光環境下生產，又含有豐富的維生素，第二次世界大戰時，連潛水艇內都有栽培豆芽菜做為軍人的蔬菜補給。

生產豆芽菜的方式是，首先用機器或肉眼篩選買來的豆子，經過殺菌後，就可以把豆子放入陰暗的房間內栽培。

泡在溫水內數小時後，豆子的外皮就會變軟，可使嫩芽容易萌發出來。栽培時要勤於換水，並保持適當溫度，經過七到十天後，豆子就會發芽了。而環境中的空氣、水、溫度都可由電腦控制。最後，只要在裝袋的時候注意別傷到豆芽菜，包裝完成後，就可以送到市面上販賣了。

最新的豆芽菜工廠內，每個步驟都已自動化，所以可在完全沒有人工操作的情況下，生產出一包包豆芽菜。

03

你看見了嗎？不起眼的花

草皮上的草會開花嗎？

再回到前面提到的稻子。稻子約在七月左右開花，花瓣十分不起眼，整個花由兩個「穎」包覆著，「穎」是由葉變形而來的結構。稻子的花具有六個雄蕊與一個雌蕊，雌蕊末端的柱頭分為二瓣，呈羽毛狀，這種形狀可以增加表面積，使柱頭更容易受粉。

這種形狀的柱頭，是以風力傳遞花粉的「風媒花」的特徵之一。風媒花不會有美麗的花瓣，也不會有芬芳的香味，因為是靠風來傳粉，所以顏色和香味對風媒花來說都不是必要條件。

不只雌蕊，連雄蕊也演化成能讓風輕易帶走花粉的形態。禾本科植物的雄蕊

稻米的花

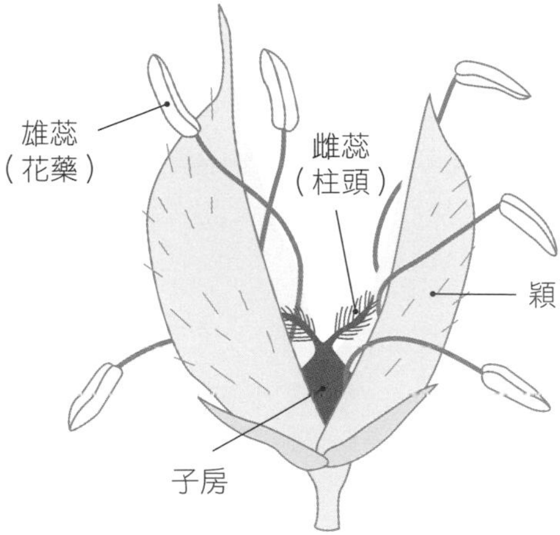

中，產生花粉的花藥大多為長形，在花朵外自然下垂，讓風能吹走花粉。

一般人或許很少有機會看到種植稻米的水田，不過對於綠化環境的草皮應該就不陌生吧。用來做為草皮的「草」其實有很多種類，它們和芒草、麥子等植物都屬於禾本科家族的成員。我教課的時候，有時會問學生「你們覺得草皮上的草會開花嗎？」結果學生們常常陷入苦惱。雖然草是常見的植物，人們卻很少仔細觀察它，大概也不會有人想問「這些草會不會開花」吧？

草皮上的草當然會開花。禾本科

植物的花雖然不起眼，但雄蕊演化成了容易被風吹走花粉的形態，雌蕊則演化成了柱頭容易接受花粉的形態，這些構造對風媒花來說相當重要。

顯眼的花與昆蟲之間的關係

有些花需藉由昆蟲協助搬運花粉，稱做「蟲媒花」，包括鬱金香、向日葵、牽牛花、梅花、櫻花等等，這些顯眼美麗的花用各種神奇的技巧吸引昆蟲前來，幫助授粉。

首先是「花瓣」與「花萼」，每種花的花瓣與花萼，無論顏色、形狀都有很大的差異。顏色顯眼的花瓣或花萼，就像是色彩繽紛的廣告一樣，可以吸引搬運花粉的動物前來。除了善用花瓣、花萼之外，有些花還會散發出香氣吸引昆蟲停留到訪。當然，也有些花是靠著腐爛的氣味，吸引蒼蠅前來授粉。

而且，有些在人類肉眼中看起來全白的花瓣，在可看見紫外線的昆蟲眼中，看起來卻是完全不同的圖案，這種在紫外線下顯示的圖案指引了花蜜位置，昆蟲就可以按圖索驥，在花朵中找到花蜜。

另外，花粉上常有黏液及表面凸起，很容易沾附在昆蟲身上，造訪花朵的昆蟲在吸取花蜜後，就會將花粉帶到其他地方，這種靠昆蟲傳播花粉的方式，就叫做「蟲媒」。比起依靠風來傳播花粉的風媒花，蟲媒花的授粉效率更高。

花朵有各式各樣的形狀，有些是細細的管狀，也有些是胖胖的吊鐘狀。不同的形狀可以讓不同體型的昆蟲進入花朵裡，協助授粉。

對於植物來說，確實授粉才可繁殖後代，增加族群的數量，這是相當重要的任務，因此下了許多工夫在它們的花上。

雖然美麗的花朵讓人讚嘆喜愛，但它們開花並不是為了取悅人類。植物開花是為了產生種子，也就是說，花是傳宗接代用的器官。

舉例來說，鳶尾花經常吸引蜂類昆蟲來授粉，鳶尾花的花萼與雌蕊間有一個狹長的通道，花蜜就位在這個通道的盡頭。

當一隻背上沾有其他鳶尾花花粉的蜂進入通道時，背上的花粉就會沾到這朵鳶尾花的雌蕊上。而當蜂為了吸取深處的花蜜，繼續前進時，這朵花的雄蕊上的花粉，又會被蜂的背部沾到。當這隻蜂再前往下一朵鳶尾花採蜜時，又會再次

鳶尾花與蜂

將背上的花粉沾到那朵花的雌蕊上，然後蜂的背部接著再沾到那朵花的花粉，如此不斷循環。

一般來說，會開花的植物，通常都與傳遞花粉的昆蟲之間有密切關係，兩者會一起演化。為了順利讓昆蟲授粉，花瓣的形狀與顏色會隨著昆蟲的外型不同，而產生差異，雄蕊與雌蕊的位置也稍有不同。這麼一來，這種花才能夠與特定昆蟲建立起緊密的合作關係，就可以確保自己的花粉能夠傳遞給同一種花朵。花朵形態之所以那麼多采多姿，就是因為花與昆蟲建立起這種「蟲媒」關係。

花的任務……

不管是風媒花還是蟲媒花，共通點就是擁有雄蕊與雌蕊，或者至少擁有其中一種。對於植物來說，花的任務就是要產生種子，孕育下一代。

順帶一提，杉樹花粉是造成花粉症的來源之一，而杉樹是風媒花。杉樹比稻米更難授粉，它的雌蕊並沒有像稻米雌蕊那種方便授粉的特殊構造，所以杉樹只好製造出大量花粉散布在空中。

一公頃的杉樹林約可產生五兆個到十兆個花粉粒在空中飛舞。早春時節，包括我在內，許多人都因杉樹飛散的花粉而大感苦惱。

04

玉米鬚有何功能

豌豆莢與玉米之謎

雌蕊下方膨大的地方是子房，子房內有一顆顆珠子狀的東西，叫做胚珠（種子的嬰兒時期）。

植物在花謝之後便開始結果，花的子房會轉變成果實，胚珠則轉變成種子。有時候我們可發現果實上仍留有花的痕跡（原本是花的部分）。

舉例來說，常見的蔬菜豌豆莢，是植物什麼階段的狀態呢？人們在豌豆還沒完全成熟之前就摘下整個豆莢來食用，豆莢內有許多未成熟的小小豌豆。

豌豆莢的尖端連著一個細長的東西，這原本是花的雌蕊，豆莢基部則留有原本的花萼，有時周圍還殘留著原本的雄蕊。也就是說，豌豆莢保留了許多「花的

豌豆的花與果實

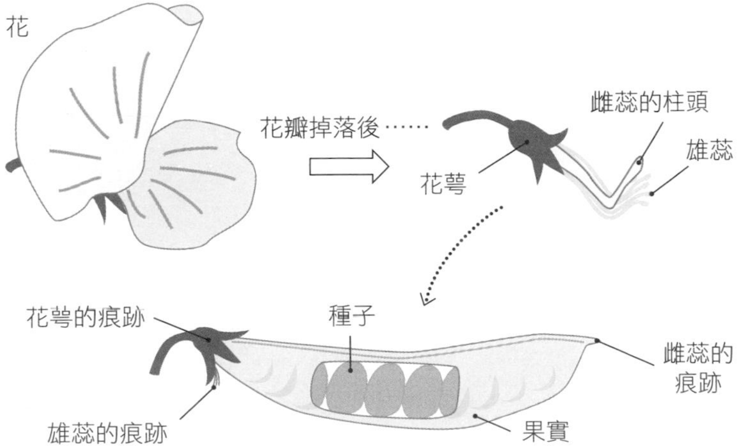

痕跡」。許多花朵在子房成長、結出果實之後，花瓣、雄蕊、柱頭雖陸續脫落，卻會留下雌蕊與雄蕊的痕跡，也有不少植物會留下花萼。

世界三大穀物分別是小麥、稻米、玉米。

夏天是吃美味水煮玉米的季節，在剝開玉米外面的葉子前，請仔細觀察一下它的外觀。表面有許多細長的玉米鬚，而剝開葉子之後，你會發現每一根玉米鬚都連著一顆種子。

玉米鬚究竟是什麼呢？

事實上，位於玉米植株頂端的穗，是許多雄花聚集而成的結構。雄

玉米的雄花與雌花

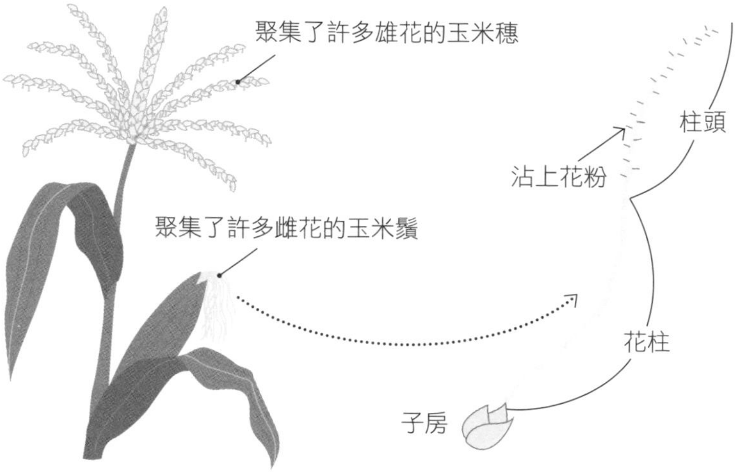

花會在高處撒下花粉，使花粉隨風起舞，接著雌花再從風中捕捉這些花粉。而玉米鬚就是雌花的一部分，摸起來有些黏滑感。玉米鬚末端的柱頭長有許多細毛，而且有黏性，當黏到花粉時，花粉就會開始長出花粉管，與雌花中的卵細胞受精，結出果實。

雌蕊由子房、花柱、柱頭等三個部分構成。顯露在玉米苞葉外面的長長玉米鬚是雌蕊的柱頭；而花柱被苞葉遮蓋住，從外面看不到；子房則會長成一顆顆的玉米粒。

在家庭菜園中種玉米時，有時會看到一根玉米上少了好幾個顆粒，這

草莓的花與果實

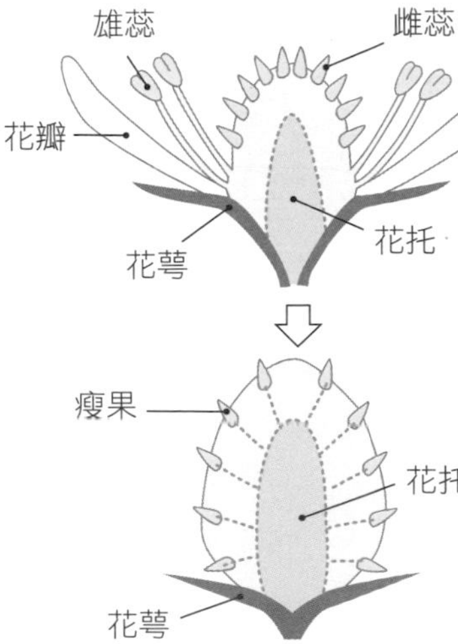

是因為有些雌蕊的柱頭沒有捕捉到花粉，因此沒能發育為種子。

草莓上一粒粒的是什麼？

草莓花的「花托」位於花萼上方，花托基部附著了花瓣，中心排列著許多雌蕊，而雌蕊的周圍則有許多雄蕊。

花托托住了整朵花，具有減緩衝擊的功能，一般花朵的花托都很小，但草莓的花托卻相當大顆。

我們吃的草莓其實就是花托膨大變化而成的，而真正的果實是位在花托的表面。草莓表面密密麻麻的顆粒就是一個個果實，是從雌蕊的子房成熟後轉變而來，因為這些果實沒有果肉，屬於「纖瘦的果實」，所以稱做「瘦果」。仔細觀察會發現，果實末端還留有雌蕊的痕跡。

因為草莓的每個果實中都含有一個種子，所以草莓上的顆粒也被當做種子來看待。草莓的果實（種子）有發芽能力，所以我們可以催發果實出芽，再將幼苗培育為植株。

一位曾任高中自然科老師的學者——鵜木昌博給過我一封信，信中提到了這樣的事。

「我只要看到種子就會想要種種看，不管是什麼種子都想種。我也用種子種過好幾次草莓。

將草莓的果實（草莓表面的顆粒）放在沾溼的紗布上，沒多久後就會發芽。等到根長到一定長度時，再移植到消毒過的沙土中，植株便會飛速成長。接著再把草莓植株移植到一般土壤，就可以養到它開花了。

不過，因為這些植物個體是由基因雜交後產生的種子發育而成，所以味道和

蘋果的花與果實

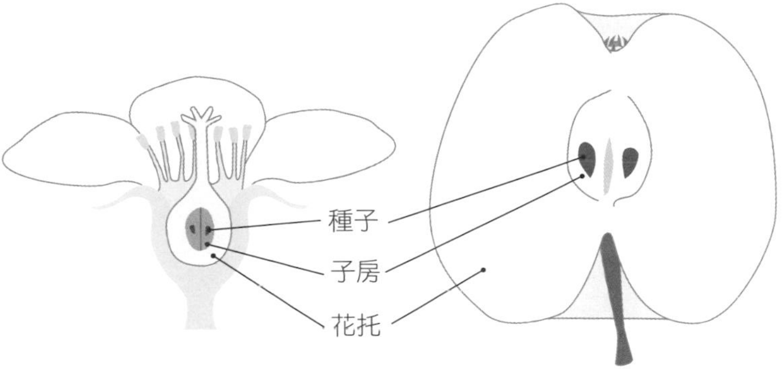

它們的上一代有很大的差異，基本上都很酸。」

蘋果的果實是花的痕跡

蘋果花的子房由花托緊緊包裹著。在蘋果沒有蒂的那一端，有個小小的凹陷，正中央的凸起就是雌蕊遺留的痕跡，凹陷周圍則是花萼的痕跡。

蘋果的可食用部位並不是由子房發育而成，而是由子房下方的花托部分膨大變化而成。「蘋果芯」的堅硬部分才是由子房變化而來，種子就在裡面。

05

鬱金香栽培妙招

鬱金香的果實長什麼樣子呢？

春暖花開時期，在日本常可看到一般住家的花圃中開滿了紅色、白色、黃色的鬱金香。鬱金香可說是大人小孩都很熟悉的花朵。

鬱金香原產於中東、近東，十六世紀時被引入歐洲栽培。其中荷蘭甚至成了世界第一的鬱金香王國，栽培種數可達三二〇〇種。

那麼，鬱金香的果實與種子到底長什麼樣子呢？

可能有些人會認為，鬱金香的球根就是種子。然而，植物是在開花之後結出果實，在果實內才找得到種子，花朵並不會結出球根，也就是說，球根既不是果實也不是種子。

鬱金香的球莖

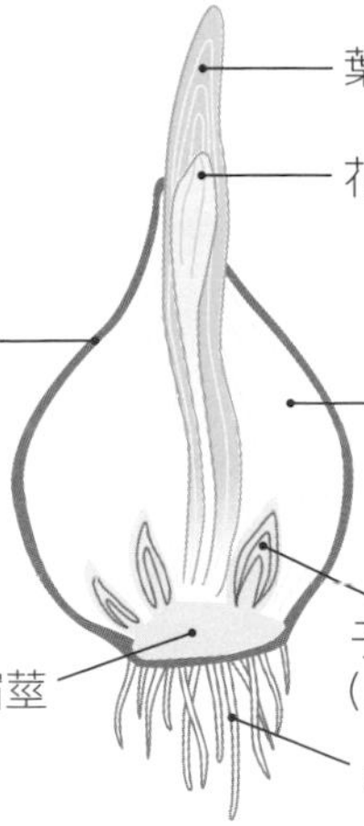

嚴格來說，鬱金香的球根應該稱做「球莖」或「鱗莖」才對，是由「短縮莖」與包裹著短縮莖的「鱗葉」組合而成的層狀結構。球莖基部短短的構造就是短縮莖（料理洋蔥時，切掉丟棄的那個部分也是）。

鬱金香的花大家可能都看過，不過看過鬱金香的果實與種子的人就不多了吧。因為人們通常在鬱金香結出果實之前，就把花剪掉。

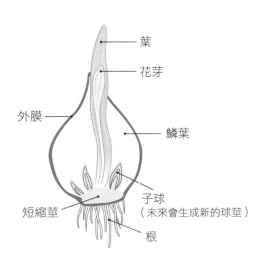

如果沒有把花剪掉，雌蕊下方的子房就會發育成果實，果實會結出種子；不過，切開果實時會發現，裡面很難找得到飽滿而發育完整的種子，

鬱金香的果實與種子

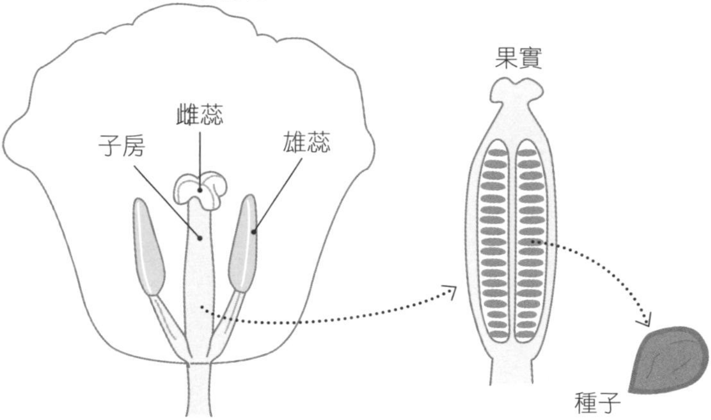

幾乎都是細小而發育不良的種子。也就是說，雖然鬱金香會結種子，但人們為求方便，通常會用球莖來繁殖出能開出漂亮花朵的鬱金香，經過許多代之後，鬱金香保留下來的基因特性，就變得很難結出正常的種子了。

那麼，為什麼人們要在結出果實之前就把花剪掉呢？這是為了讓養分能集中在球莖內，不要運送給果實。只要保有球莖，鬱金香就能在短期內再度開花。

直接使用自己身體的一部分所培育出來的生物，具有和自己完全一樣的基因，稱做「複製體」。球莖是一種地下莖，屬於植物身體的一部份，所以由球莖培育出來的鬱金香屬於複製體，因為基因沒有改變，所以明年還是會開出同色、同形態的花。

若想看到不同形態的花，就必須拿一株鬱金香和其他株鬱金香交配，產生種子，再進一步栽培出子代植株。不過，從種子開始栽培直到開花，需要花上好幾年。事實上，各種不同的鬱金香品種，就是經過這種長時間改良所得到的結果。而現在我們在花圃中看到的鬱金香，都是複製體。

06

種馬鈴薯卻長出番茄!?

馬鈴薯的花

日本偶爾會傳出「馬鈴薯居然長出番茄果實！」的消息，連報紙都大篇幅報導。種植馬鈴薯的農夫們也很吃驚：「馬鈴薯居然變成番茄了！」

當然，馬鈴薯的果實並不是番茄，只是外觀長得有點像。但就連每年栽培馬鈴薯的農夫，都會被「開花結果的馬鈴薯」嚇到。

當被問到「馬鈴薯會結果實嗎？」有些人可能會覺得「馬鈴薯的果實就是我們吃的馬鈴薯吧？馬鈴薯植株不就是用一塊塊的馬鈴薯去繁殖的嗎？」

但我們吃的馬鈴薯其實是它的塊莖，這是一種地下莖。繁殖馬鈴薯時，我們會直接用植物個體的一部分來繁殖，就像扦插法繁殖一樣。也就是說，由塊莖繁

馬鈴薯的花與果實

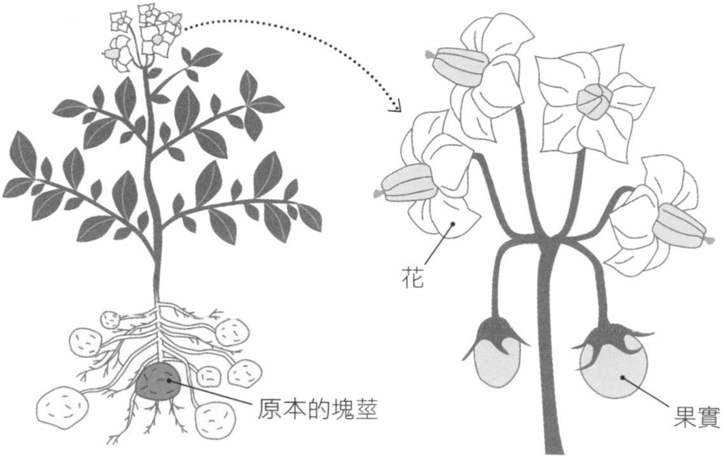

殖出來的馬鈴薯都是複製體。

馬鈴薯也會開花。應該有些人曾經在學校菜園之類的地方看過馬鈴薯開花。

夏天時，馬鈴薯會從植株的同一部位開出好幾朵花，花具有雄蕊和雌蕊，花瓣的顏色為白色或淡紫色，和番茄的花很像。事實上，馬鈴薯的植株外型也和番茄很像，因為馬鈴薯和番茄是同屬於「茄科」的植物。

馬鈴薯的花通常在結果之前就凋落了，很少會熬到結出果實。

雖然現在的馬鈴薯很少會結出果實，不過以前的馬鈴薯開花結果是再正常不過的事。那麼，為什麼馬鈴薯不再結果了呢？

馬鈴薯曾是安地斯山居民的主食

馬鈴薯的原產地為南美洲的安地斯山，是安地斯山原住民的主食。現在安地斯山的野生馬鈴薯仍然會開花結果，不過，當地的馬鈴薯塊莖並不像我們常見的馬鈴薯那麼大塊，而是小小的。

事實上，當地的鳥類也會吃這些馬鈴薯的果實，而且把果實內的種子散布到各地，馬鈴薯就是靠著這種方式傳宗接代。

十六世紀時，西班牙人入侵南美洲，並且把當地的馬鈴薯帶回西班牙。在那之後，馬鈴薯就被當成非常優異的農作物，在各地廣為栽培。

栽培馬鈴薯的人們，會盡可能挑選出塊莖較大的植株來種植。然而植物開花結果時需消耗大量能量，所以，那些將養分大量儲存在塊莖內的植株（也就是塊莖較大的植株），通常不大容易開花結果。這也使得人類挑選出來的馬鈴薯植株，大多是很難開花結果的品種。

不過，有些時候人們會特地促進馬鈴薯開花結果，那就是在進行品種改良研究等農業實驗的時候。

用塊莖來繁殖馬鈴薯，產出的馬鈴薯全都擁有相同特徵。如果想要新增更多特性，如「產出更多塊莖、提高抗病能力、讓馬鈴薯變得更好吃」的話，光靠原有的塊莖繁殖，無法達成這個目標。

當嘗試結合不同品種來產生具有新性質的馬鈴薯時，種子是不可或缺的。這種做法必須取得擁有某種特徵的馬鈴薯的花粉，然後跟擁有另一特徵的馬鈴薯的雌蕊進行授粉，讓它結出種子，再進一步培育這些種子，才有機會繁殖出基因更優異的品種，這種品種改良方式稱做「雜交法」。

現在我們吃的馬鈴薯，就是這樣改良出來的。

07

蒲公英的祕密

花莖與莖

「蒲公英的莖是哪個部分呢？」

被問到這個問題時，大部分的人應該會回答「支撐花與果實的那根長長的綠色枝條就是莖」吧。其實這根枝條叫做「花莖」，是連接花與植株本體的小柄。在植物學上相當於分枝（對於那些莖可分成主幹跟分枝的植物而言）。花莖是由葉子基部長出的芽（側芽）發育而成，是一種特殊的構造。

植物結構大致上可以分成根、莖、葉等三大部分。

蒲公英的根與莖以地面為分界，在葉子基部的白色部分為莖，在地面以下又粗又長的部分則是根。蒲公英真正的莖只有根與葉之間的短短一小段。

蒲公英的各個部位

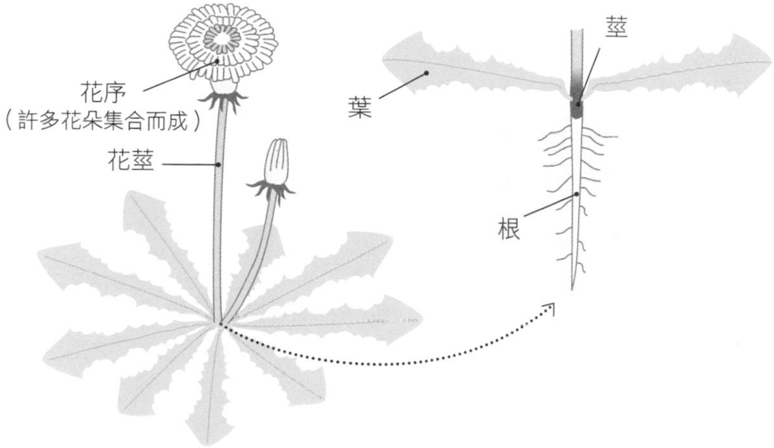

短莖的優點

從正上方觀察整株蒲公英，可以看到葉子是平坦的，像蜘蛛網一樣呈放射狀散開，而且葉子環狀交疊的生長型態看起來就像薔薇花一樣，又稱做「蓮座狀葉叢」。

蓮座狀葉叢類植物的優點是「可讓植株在沒有遮蔽物的地方，盡可能獲得更多光線」。觀察單一株蒲公英的葉子可以發現，從靠近莖部開始往外側，葉子的寬度漸漸變寬，這也可幫助植株獲得更多光線。

植物的部位依照功能可以分成

「製造養分的葉子」，以及「使用養分的根、莖、花等」。綠色的莖與果實也可以行光合作用，不過產生的養分非常少。大部分的光合作用都是由葉子負責。

因為蒲公英葉子的位置很靠近地面，要是蒲公英被其他植物包圍的話，就很難獲得光線，這時蒲公英為了獲得更多光線，就會讓葉子立起來。如果周圍的植物太高的話，蒲公英就會因為光線不夠而枯死，因此，蒲公英無法生長在植物茂密、高聳的環境。

我們經常在路邊或空地上看到許多蒲公英。可是地面上的草很常被人們踩踏，當植物的莖一長高，馬上就會被人們踩扁而枯死。好在蒲公英的莖很短，不容易被踩壞，就算葉子稍微受損也不會死掉。

夏天時，人們也常會用除草機割除路邊或空地上的雜草，因為蓮座狀葉叢的蒲公英比較矮，所以葉子不大會全都被割掉，而且蒲公英的根很深，也沒那麼容易完全拔除。

蒲公英善用了自身短莖的特性，只要環境周圍沒有長得比較高的植物，它便能生存下來。

車前草的各個部位

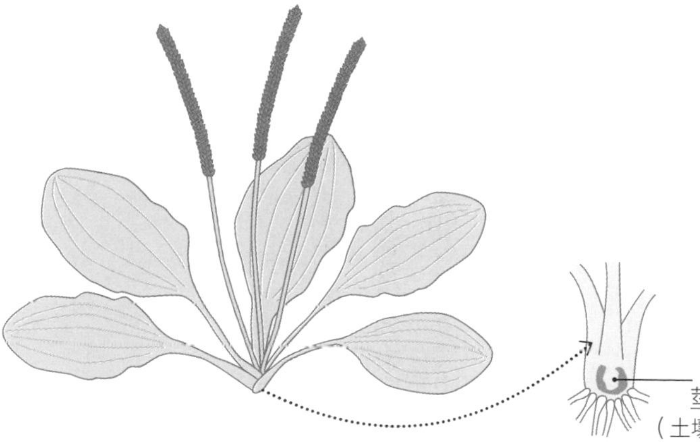

車前草常長在許多人踐踏的地方

車前草也是蓮座狀葉叢的植物，植株高度約為十五公分，莖很短。

車前草常分布在運動場草地、公園、路邊等其他一般植物長不起來的地方，因為其他植物長到一定高度時就會被人類踩扁，或者被割草機割掉，因而無法存活。不過車前草即使如此，也沒那麼容易死掉。

日本的小孩會拿車前草的花穗來玩。拿兩根車前草的花穗互相拉扯，又叫做「車前草相撲」。

車前草的花穗內有著僅三毫米長

的小果實，看起來就像一個有蓋的杯子一樣，而種子就在果實內。

蓋子打開後，種子會掉落，當種子泡到水時會滲出黏液，變得黏答答的。有人走過時，這些黏答答的種子便可以沾上鞋子的底部，隨著行走的人移動到其他地方。

所以只要有人踩過的地方，就會長出車前草。

08 土壤中的萬千小生物

新的落葉與老的落葉

一到秋天，森林裡就會逐漸堆積起落葉來，不過，森林卻沒有被落葉淹沒，這些落葉後來都到哪裡去了呢？

仔細觀察地面堆積的落葉，會發現表面較新的落葉比較乾燥，而且都保持著完整的形狀，但新落葉下方的老落葉則含有較多水分，也比較軟，葉子形狀不完整。再往底下會看到更黑、更細碎的落葉碎片，葉子上可能還會長有白色黴菌般的東西。

而在黑色土壤的底部，則完全看不到落葉，只有又黑又鬆軟的土。

從落葉化做土壤的過程，和土壤中的小生物有很密切的關係。

從落葉到土壤

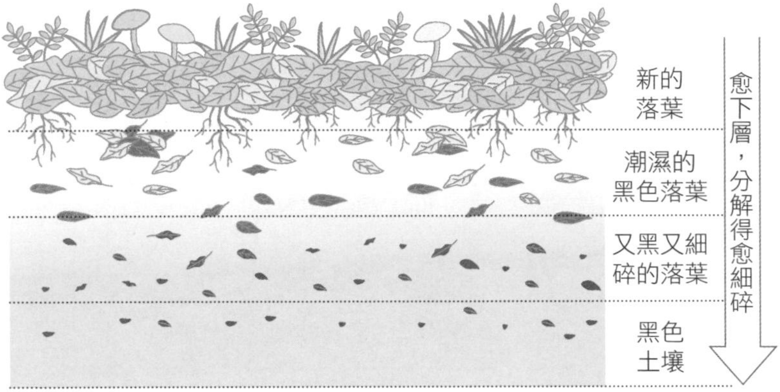

森林內有許多以落葉為營養來源的生物，像是菇類、黴菌、細菌；而體長約〇・二～二毫米的跳蟲、甲蟎、線蟲、線蚓等生物，會以菇類、黴菌、細菌為食物；土壤內還有體型再稍大一點的動物，如蚯蚓、馬陸、糙瓷鼠婦、白蟻等；把前面這些微小動物做為食物的動物，包括地蜈蚣、石蜈蚣、蜘蛛、盲蛛、隱翅蟲、步行蟲、螞蟻等。

而土壤中最強大的生物是體長可達十公分的鼴鼠、尖鼠、蛙、蜥蜴等動物。在土壤的小世界中，眾多生物串成了食物鏈。

土壤中的生物

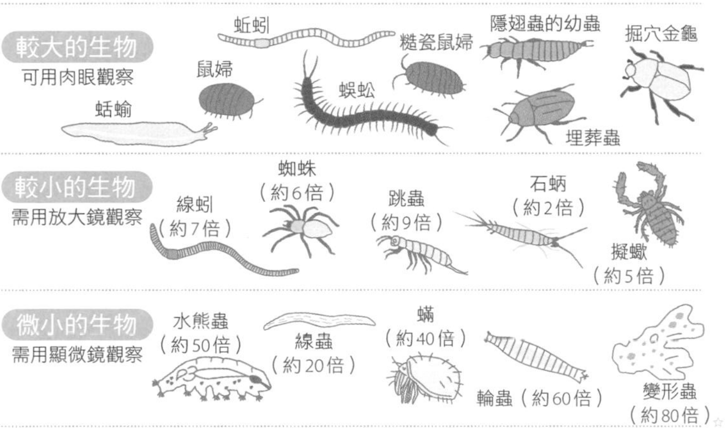

土壤中位於食物鏈最下層的小動物，像前面提到的跳蟲、甲蟎、線蟲、線蚓等，生物數量非常多，雖然牠們經常被捕食，但因為身體很小、發育速度快，馬上就能產出下一代，所以牠們的數量也增加很快，因此族群不至於消失。

土壤中的微生物

除了前面提到的各種小動物之外，土壤中還住著大量的真菌和細菌等微生物。一公克的土壤內，就有著數百萬個真菌細胞與數億個細菌。

黴菌跟菇類都屬於真菌，它們伸

出細細的白色菌絲到落葉上，進行分解作用；納豆菌、乳酸菌等則屬於細菌，許多細菌可以分解動物屍體與糞便。

真菌與細菌能分泌出消化液，讓落葉、動物屍體、糞便等物質腐化，分解成葡萄糖與胺基酸，接著真菌跟細菌再吸收這些小分子做為自身的營養。

於是，落葉、動物屍體、糞便等有機物，最後被微生物分解成簡單的小分子無機物，如水、二氧化碳、含氮化合物等。

☆編註：圖表中括號內的倍數表示，動物真實尺寸放大為書上印刷尺寸的倍率。

09 蚯蚓是優秀的農夫

大雨之後……

下過大雨後，常可看到很大隻的蚯蚓從土壤裡面冒出來。蚯蚓棲息在地面以下十～十二公分深的土壤層範圍內。土壤中常含有昆蟲等動物的屍體以及腐爛的植物，蚯蚓以這些土壤為食物，經過消化所排出的糞便，又繼續做為土壤的肥沃成分。蚯蚓一天的排便量可達體重的二分之一，有時甚至跟體重相等。

在一項調查中顯示，一座北海道牧場內，平均每平方公尺的蚯蚓總重量可達四十四公克。假設有一片田，面積和網球場相等（約為二六〇平方公尺），並假設田裡的蚯蚓一天內會排出與體重相同重量的糞便。

那麼，一天內的蚯蚓糞便總重量就是四十四公克×二六〇＝一萬一四四〇公克（一一・四四公斤）；一個月內累積的糞便總重量會是一一・四四公斤×三〇＝三四三・二公斤。由於蚯蚓的活動期間在每年的四月到十一月，共八個月，所以一年內累積的糞便總重為三四三・二公斤×八＝二七四五・六公斤（約二・七五噸，約為一台小型砂石車的承載量）。

在另一項調查中，一平方公尺土壤內的蚯蚓總重量約為一八五公克。這個數值是前面提到的四十四公克的四倍以上，所以每年約可產生高達一一・五噸的蚯蚓糞便。

經過十年之後，地表下十公分深度之內的土壤就會全部被蚯蚓吃過一遍，並且變成肥沃的土壤，蚯蚓就是這樣改良土壤的。

那麼，被蚯蚓改良過的土壤有哪些優點呢？

蚯蚓可以增加土壤的空隙

由蚯蚓糞便組成的土壤具有許多團塊，彼此之間有很多空隙，這稱做「團粒結構」。

蚯蚓

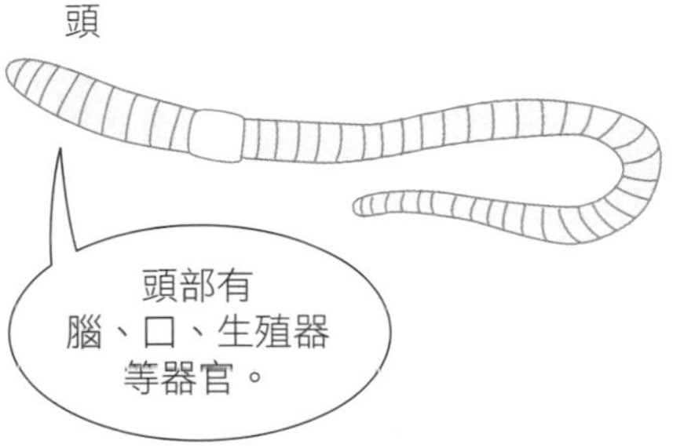

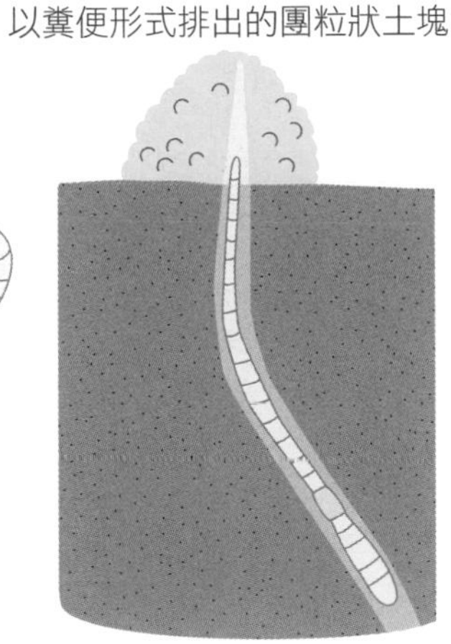

當土壤內有許多空隙，水和空氣就能輕易流通，對植物的根來說是一個很棒的環境。而且，每個團塊都可以保存水分，所以缺水時土壤也不會馬上乾掉。

再來，因為團塊集合體的內側與外側會有不同種類的細菌棲息，所以可增加土壤內的生物多樣性，讓土壤內的生態系保持穩定。

由此看來，居住在土壤內的蚯蚓，一直在我們看不到的地方默默完成了偉大的工作。不過因為日本在二次世界大戰後的重建時期，大量使用農藥與化學肥料，讓愈來愈多的田地變得不適合蚯蚓生存。

蚯蚓數量減少後，田地裡的團粒結構就會崩解，這樣不健康的土壤只會培育出虛弱、容易生病的作物，於是農夫只好在耕作時使用毒性更強的農藥。

近年來，人們逐漸了解到蚯蚓的優點，於是也有不少人發起了「讓蚯蚓回到農田內」的活動。

Part3

有趣到睡不著的自然科學

01

沒有芯的蠟燭也能燒？

蠟燭燃燒的機制

不管是日本還是其他國家，從前都曾用蠟燭做為照明工具，蠟燭是由做為燃料的「蠟」與位於中心的「芯」組成。

以前的人曾經用漆樹種子中的蠟質，或者是蜜蜂巢內的蜂蠟來製作蠟燭。而現代的蠟燭大多是用從石油提煉出來的石蠟（主要成分為碳元素與氫元素）製作而成。

在蠟燭的燭芯點火之後，滲入燭芯的蠟就會融化成液態，再蒸發成氣態，並開始燃燒。

燃燒時產生的熱，會讓周圍的蠟融化成液態，液態蠟因為毛細現象的原理，會沿燭芯上升。反覆進行這樣的過程，蠟燭就可以持續燃燒。

進一步說明蠟燭的燃燒過程

觀察燭芯在點火之後的燃燒情形吧，如果你仔細觀察，會發現蠟燭的火焰不是均勻的顏色，有些地方發出明亮的光芒，有些地方光芒微弱，有些地方卻幾乎沒有顏色。人們依據燃燒程度的差異，把燭火分為三個區域，最內側的部分叫做焰心，最外側叫做外焰，兩者之間則是內焰。

在燭芯周圍常會發現有許多融化的蠟，呈現透明液體狀。如果你把粉筆的粉末撒入這個液體內，會看到粉末被燭芯吸附過去，顯示這些液體順著燭芯往上移動，而燭芯最上端的液體則會在受熱後轉變成氣態。

焰心裡面是還沒燃燒起來的氣體，如果將玻璃管插入焰心，引出這些氣體後再點火，這些氣體便會開始燃燒。

為什麼蠟燭的火焰會分成三部分？

首先，焰心是氣態的蠟。

蠟燭的火焰

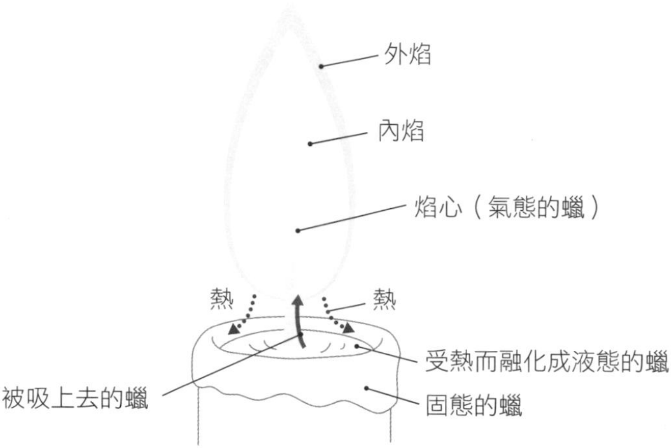

焰心的氣體與空氣中的氧氣相碰後，會開始燃燒。但焰心附近的氧氣並不充足，所以會一邊燃燒一邊產生煤煙（細小的碳粒），也就是所謂的不完全燃燒，細小的碳粒受熱後會放出紅色光芒，這就是我們看到的內焰部分。

碳本身的顏色是黑色，但因為蠟成分裡面的碳原子跟氫原子結合成化合物，所以不會顯現出黑色。蠟的成分在內焰之中燃燒分解後，會產生細小的碳原子顆粒，而外焰部分因為跟空氣充分接觸，所以會進行完全燃燒，產生的火焰是無色的。

蠟燭火焰內發生的事

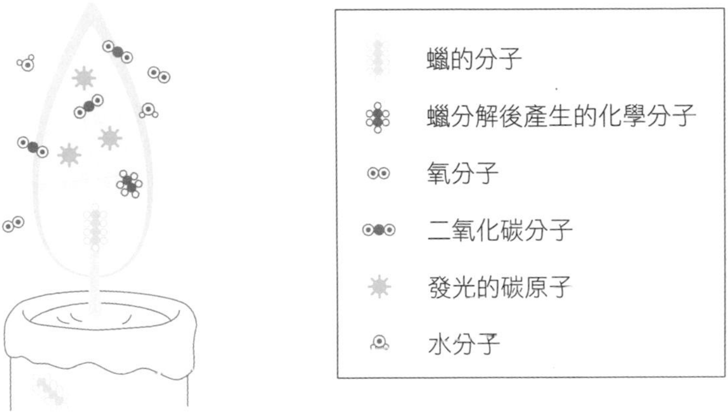

蠟燭在燃燒過程中接連進行著一個個化學變化，火焰中的氣態蠟會跟氧氣反應，變化成其他物質，持續燃燒之後，蠟變得愈來愈少。

氣態的蠟分子與氧分子相碰後，蠟含有的碳原子會與氧原子結合成二氧化碳，而蠟含有的氫原子則與氧原子結合成水，並且釋放出熱與光。

沒有燭芯的話，蠟燒得起來嗎？

若拿掉燭芯，直接拿燃燒的火柴靠近蠟，會發現靠近火焰的蠟逐漸融化，卻燒不起來。

蠟真的沒辦法直接燃燒嗎？

如果把蠟放在金屬湯匙上加熱，蠟會融化成液態，並冒出白煙。不過這些白煙並不是氣態的蠟，而是氣態蠟在冷卻之後，所生成的液態蠟微粒或固態蠟微粒。如果在這個白煙上點火，周圍的氣態蠟就會開始燃燒。

把蠟放到試管內加熱，直到試管口冒出白煙，這時候在白煙上點火，我們就可以看到燃燒現象。也就是說，只要能讓蠟轉變成「氣態」，就燒得起來。

具有芯的蠟燭，燃燒時產生的熱會讓燭芯內少量的蠟轉變成氣態，同時液態蠟會滲入燭芯，隨著毛細現象往上升，這樣的機制可以讓蠟燭持續燃燒。

你看過用固體燃料點火保溫的火鍋嗎？

固體燃料沒有燭芯，是甲醇（燃料用酒精）固化（變成膠狀）後得到的產品。甲醇容易變成氣體狀態，所以即使沒有燭芯，只要靠近火源，甲醇就會轉變成氣體而燒起來。

燭芯扮演著很
重要的角色喔。

02

氧氣和二氧化碳各佔一半的瓶子

把蠟燭放入各式各樣的瓶子內

在空氣中點燃蠟燭，然後將蠟燭放入充滿氧氣的瓶子內，可以看到蠟燭的火焰變得更明亮，燒得比平常更旺盛。

燃燒結束後，把石灰水倒入瓶內搖晃一陣子，石灰水會轉變成白色混濁狀，這表示燃燒時產生了二氧化碳。

接著，再次在空氣中點燃蠟燭，然後將蠟燭放入充滿二氧化碳的瓶子內，會看到蠟燭的火焰馬上熄滅。

這些現象顯示，可燃物質在氧氣中燃燒時會比在空氣中燒得更劇烈；在二氧化碳中則無法燃燒。

那麼，如果將蠟燭放入氧氣與二氧化碳各佔一半的混合氣體內，蠟燭的燃燒情況會比在空氣中燃燒時劇烈嗎？還是比較和緩呢？

空氣中的氧氣比例約佔百分之二十一，二氧化碳則約佔百分之〇．〇四。在這裡我們令蠟燭在兩種氣體各佔百分之五十的環境下燃燒。

請從以下選項中選出一個適合的答案。

ㄅ燒得更劇烈

ㄆ和在空氣中燃燒時差不多

ㄇ燒得比較和緩

ㄈ馬上熄滅

準備一個有特製氣體比例的瓶子，並且做實驗試試看吧。先在瓶內裝滿水，然後把水倒入量筒內測量體積，就可以知道瓶子的容量。接著以量筒量出瓶子一半容量的水，倒回瓶內，用油性筆在水面高度做記號，或者用橡皮筋套住瓶身來

「把蠟燭放進50%氧氣、50%二氧化碳的混合氣體內……」

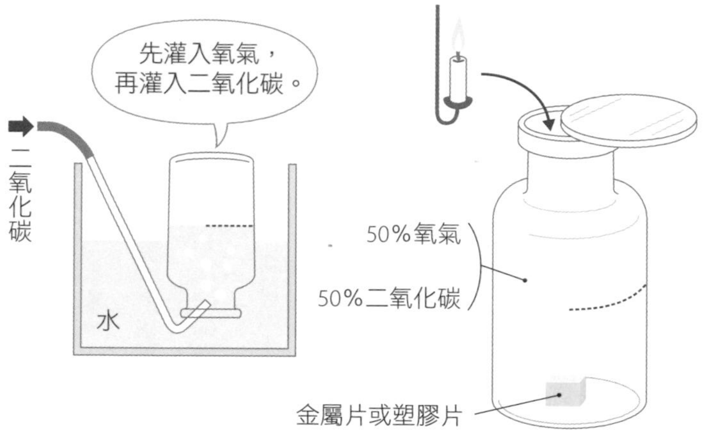

標記（代表瓶子容量的一半）。

然後在瓶內裝滿水，可用玻璃片蓋住瓶子防止水溢出，小心的把瓶子倒放到水槽內。

利用細管把氧氣灌入瓶內，因為氧氣具有體積，瓶內的水位會下降，一邊看著先前做的記號，一邊灌氧氣，直到水位降到記號位置。接著改為灌入二氧化碳，直到氣體充滿整個瓶子。這時候，瓶內的氣體比例就是氧氣與二氧化碳各佔一半。

用玻璃片蓋住瓶口，從水中取出瓶子。稍微打開蓋子，放入一小片金屬或塑膠片，然後搖晃瓶子（這是為了幫助充分混合氧氣與二氧化碳)。接著把燃燒中的蠟燭放入瓶內。

這時,應該會觀察到瓶中蠟燭的火焰比在空氣中燃燒時更明亮。這表示,瓶中蠟燭的燃燒狀態比在空氣中燃燒時更劇烈。

因此,答案是ㄅ(燒得更劇烈)。

空氣中含量最多的氣體是氮氣,約佔乾燥空氣中的百分之七十八。如果把燃燒中的蠟燭放入含純氮氣的瓶內,就和放入含純二氧化碳的瓶內結果一樣,蠟燭會馬上熄滅,這表示,氮氣和二氧化碳都是無法幫助蠟燭燃燒的氣體。

因為空氣中含有百分之二十一的氧氣,所以蠟燭在具有混合氣體的空氣之中依然可以燃燒。

可能有人會以為「二氧化碳有滅火的功能,會和氧氣的助燃功能抵銷」,但事實上,二氧化碳只有「不助燃」的功能而已。

氧氣與二氧化碳各半時的氧氣比例,比空氣中的氧氣比例還要高,所以蠟燭在瓶中才會燒得更劇烈。

03

「燃燒」的科學

閃亮亮的鋼絲絨

鋼絲絨常用來清除汙垢，它的英文是steel wool。「steel」是鋼，鋼指的是碳元素含量在百分之二以下的鐵，在鐵裡面添加一定比例的碳元素，可以提升硬度；而「wool」則是羊毛，把特殊的鋼製成毛髮般細長的纖維，再加工後便可得到鋼絲絨，細緻的鋼絲絨就像棉花一樣的柔軟、有彈性。

鋼絲絨有許多用途，例如「磨去油漆塗料，去除金屬表面生鏽的部分，為家具或木工製品表面打磨拋光，為石材或地板打蠟、清潔」等。根據用途不同，使用的鋼絲絨粗細也不一樣。

這裡讓我們拿家庭用的鋼絲絨來做燃燒實驗吧。

鐵通常很難燒得起來，例如鐵釘這樣一整塊鐵，在空氣之中無法燃燒，但如果放到純氧環境中，鐵釘就會變得好燒許多，如果換成像標籤吊卡用的細鐵絲，在純氧環境下就能夠劇烈燃燒起來。

在氧氣比例佔了百分之二十一的空氣中，鐵絲或鋼絲只要夠細就燒得起來。事實上，在廢輪胎放置場內，輪胎就有可能會自己燒起來，一般認為，這是因為輪胎內的鋼絲在溫度過熱時發生自燃。

家庭用的鋼絲絨在點火後馬上就會熄滅。但如果用以下步驟操作，鋼絲絨可以持續燒到最後。

把一塊鋼絲絨切成三分之一到二分之一大小，再盡可能弄鬆鋼絲絨，撐開鋼絲間的空隙，讓它變得好像一顆蓬鬆的「棉花糖」一樣。

接著把鋼絲絨放在金屬製的托盤上，點火。於是，鋼絲絨會變得像聖誕樹般閃耀，一邊燃燒，一邊放出一閃一閃的光芒。

物體燃燒的三條件分別為：

①有可燃物

②有氧氣

③溫度高到能讓可燃物持續燃燒

把鋼絲絨弄得像棉花糖一樣蓬鬆時，因為充滿空隙，外界氧氣的補給會比較順暢。另外，因為金屬導熱的效果很好，要是鋼絲絨的纖維太過密集，燃燒時的熱能就會透過鋼絲彼此連接的部分傳導出去，迅速散掉。這樣冷卻的話，鋼絲絨周遭環境就無法維持在足以持續燃燒的溫度。

燃燒後的鋼絲絨……

在一根細長棒子的兩端垂下兩個可燃物，然後從棒子中央提起，讓棒子達成平衡。如果可燃物是蠟、紙張、木塊的話，在燃燒後重量會變輕許多。

不過，如果在長棒的兩端垂下鋼絲絨的話，又會如何呢？把其中一邊的鋼絲絨弄鬆，然後點火燃燒，鋼絲絨在燃燒後會有什麼變化呢？

請從以下選項中選出一個適合的答案。

“鋼絲絨在燃燒之後，重量會如何改變呢？”

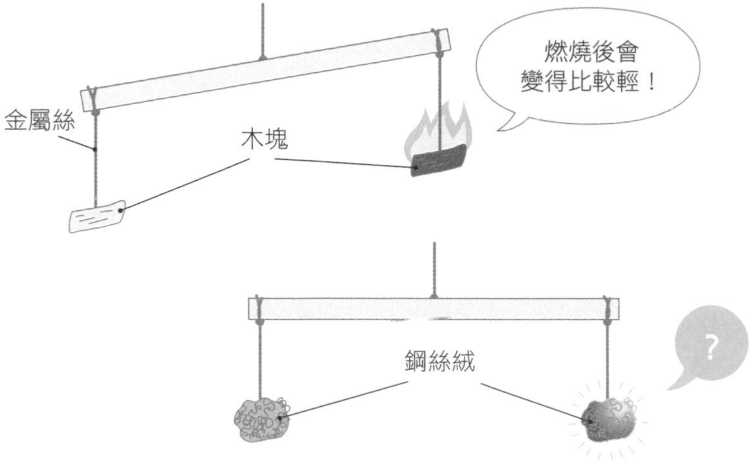

ㄅ燃燒後會變得比較輕

ㄆ燃燒後會變得比較重

ㄇ燃燒前後重量不改變

如果是蠟、紙張、木頭的話，答案會是ㄅ（燃燒後的物質會變得比較輕）。因為蠟、紙張、木頭都是有機物（化學結構是以碳原子為中心，四周和氫原子等其他原子鍵結在一起），有機物燃燒後，成分中的碳原子會轉變成二氧化碳，氫原子會轉變成水（因為燃燒時溫度很高，所以很快會變成水蒸氣），而氣體會散失到空氣中，所以變輕了。

鋼絲絨的成分幾乎是鐵，鐵在燃燒之後會變重，這是因為鐵在燃燒後會形成一種稱為「氧化鐵」的固態物質。

蠟（碳原子＋氫原子）＋氧氣→二氧化碳＋水＋熱、光

鋼絲絨（鐵）＋氧氣→氧化鐵＋熱、光

燃燒蠟時，產生的二氧化碳與水（水蒸氣）是氣態，會直接逸散掉，不過燃燒鋼絲絨時，固態的氧化鐵不會逸散，而氧原子有重量，所以鋼絲絨燃燒之後重量會增加。

正確答案是ㄆ（燃燒後的鋼絲絨會變得比較重）。

在瓶內燃燒鋼絲絨後，想要確認燃燒後產生的氣體，裡面有沒有二氧化碳，跟前面的做法一樣，在燃燒後倒入石灰水，並搖晃瓶身混合氣體。但這時候卻會發現，再怎麼搖晃瓶身，石灰水都不會變成白色混濁狀。

事實上，鋼絲絨成分中含有少量的碳原子，燃燒後的確也會產生二氧化碳，

但這些二氧化碳的含量卻沒有多到可以用石灰水檢出的程度。

另外，鐵的氧化物有很多種。分析結果顯示，燃燒鋼絲絨後所產生的氧化物中，最多的是三氧化二鐵 Fe_2O_3，也就是一般所說的氧化鐵；第二多的是四氧化三鐵 Fe_3O_4。

暖暖包的反應機制

鐵釘雖然無法在空氣中燃燒，卻會在空氣中生鏽。同樣都是和氧氣發生反應，生鏽反應比燃燒反應溫和許多，不會放出強光，但仍然會產生熱。可是在緩慢生鏽的過程中，因為產生的熱量太少，基本上我們感覺不出來。

不過，「暖暖包」就是應用這種產熱原理製成的產品。「暖暖包」內裝著許多活性碳，這些活性碳吸附了許多鐵粉、食鹽水等物質，鐵粉跟鐵絲比起來，增加了更多表面積，這樣也更容易與氧氣接觸發生化學反應。

食鹽水則可以促進生鏽反應進行。在靠近海岸的地區，空氣中常有高鹽度的海水微粒，車子很容易生鏽，就是這個道理。

打開暖暖包後，鐵粉會和空氣中的氧氣、水反應產生熱能，我們可以用來取暖。但是暖暖包只能用一次，無法重複使用，因為鐵粉全部反應完畢後，就不會再產熱了。

暖暖包的生鏽反應中，參與的物質包括鐵、氧氣、水等，其實是相當複雜的化學反應，分析結果顯示，主要產物為鐵氧化物中的 β-FeOOH，另外也會產生四氧化三鐵之類的物質。

真的有用到氧氣嗎？

燃燒鋼絲絨時，真的有用到氧氣嗎？

前面提到，鋼絲絨在燒過之後確實會變重，表示「鋼絲絨上多了什麼東西」，而我們說「這些多出來的重量是來自空氣中的氧氣」，但真是如此嗎？讓我們做實驗來確認一下。

在金屬托盤上加入一些水，用金屬絲架一個台子。

準備一個充滿氧氣的集氣瓶。

鋼絲絨燃燒時會用到氧氣嗎？

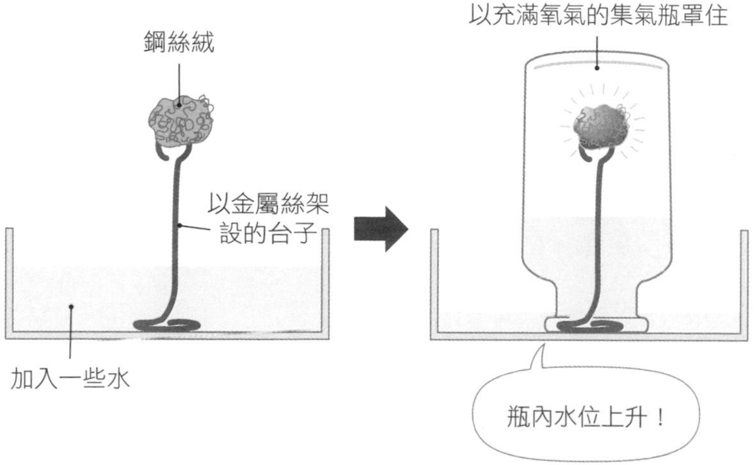

把鋼絲絨放在台子上，並把它外觀弄得蓬鬆一些，這樣比較容易用火點燃。

點燃鋼絲絨，然後馬上用裝滿氧氣的集氣瓶罩住，這時候會發生什麼事呢？

用集氣瓶罩住鋼絲絨之後，燃燒中的鋼絲絨周圍就只有氧氣，瓶內的鋼絲絨會燒得比在空氣中燃燒時更旺盛。因為這時候瓶內充滿氧氣，假如鋼絲絨燃燒時消耗了氧氣，那麼瓶內水位就會逐漸上升。

實際驗證之後，瓶內水位確實會上升。

用碳原子來做同樣的實驗，會有什麼結果？

讓我們改用幾乎僅由碳原子構成的木炭來做這個實驗吧。

點燃木炭，再用裝滿氧氣的集氣瓶罩住。那麼燃燒時會最接近以下哪一種情形呢？

ㄅ水位上升

ㄆ水位下降（瓶內氣體增加）

ㄇ水位不變

由化學反應式看來，用掉多少氧氣，就會產生多少二氧化碳。

碳原子＋氧氣⟶二氧化碳＋熱、光

二氧化碳在水中的溶解度比氧氣還要高，所以燃燒所產生的二氧化碳會逐漸溶於水中，因此照理說，燃燒時消耗了多少氧氣，水面應該就會上升多少才對。

但實際做實驗會發現，木炭燃燒時，水位不僅不會上升，甚至還可以在瓶口附近觀察到氣泡冒出來。

用充滿氧氣的集氣瓶蓋住點燃的木炭時，木炭會開始劇烈燃燒，並且消耗氧氣、產生二氧化碳。雖然有一部分的二氧化碳溶於水中，但在高溫下的氧氣與二氧化碳體積會大幅膨脹，讓瓶內氣體的體積增加。

所以答案是ㄆ（水位下降）。

不過等到火熄滅之後，水位會稍微上升。因為在高溫下體積膨脹的氣體，等到溫度下降之後，體積會收縮回去，而且少量二氧化碳會溶於水中。

許多科學家深信不疑的「燃素說」

東西著火——也就是所謂的「燃燒」，是人類最早發現、也最重要的化學變化（會產生新物質的變化）。

一般推測，人類或許是看到了火山噴發、落雷造成的森林火災等天然火災，進而認識到「燃燒」這種現象。在這之後，人類也發現摩擦兩塊木頭、敲打兩塊石頭時會產生火花。

不過一直到了十八世紀末期，人們才知道燃燒是物質與空氣中的氧氣反應，使物質氧化的過程。

在十八世紀末期以前，人們對燃燒現象的主流解釋是「可燃物由灰燼與燃素組成。可燃物燃燒時，會釋放出燃素」。

這個理論被稱為「燃素說」，內容包含下列敘述。

①動物、植物、礦物、空氣中皆含有稱為燃素的極微小物質。燃素單獨存在時，我們完全無法感覺到它們，它們也不像空氣那樣具有彈性。

②燃素是火的原動力。

③燃素是顏色的來源。

④燃素是物質可燃性的來源。可燃物皆含有燃素，燃燒時會失去這些燃素。

⑤燃素為不生不滅的物質，也不會從大氣中消散。

⑥金屬灰燼等不可燃物質不含燃素。或者是曾經有燃素，但後來失去了。

⑦木炭、油脂等物質富含燃素。

⑧某些金屬灰燼與木炭、油脂共同加熱時，可以再度獲得曾失去的燃素，恢復成金屬狀態。也就是說，金屬＝金屬灰燼＋燃素。

⑨燃素可與其他元素形成化合物。燃素與硫酸結合後可以得到硫磺，燃素與金屬灰燼結合後可以得到金屬。

⑩燃燒時需同時具備燃素與空氣，才能產生火焰。

⑪在燃素粒子影響下的火焰運動為圓周運動，而非直線運動。

簡單來說，燃素說指的就是「可燃物擁有『火種般的物質』——燃素。燃燒時便會釋放出這些燃素」。

當時的化學家們都相當關心燃燒這個主題，他們一再重複了鑽石燃燒實驗、用凸透鏡聚集太陽光的燃燒實驗等等。另外也對金屬燒成灰燼的原理很有興趣。

依照燃素說，有機物的燃燒與錫金屬燒成灰燼，都是有機物跟錫失去燃素的過程，而燃素是一種沒有重量（或者幾乎沒有重量）的假想物質，人類完全感覺不到燃素。但燃素說卻沒有辦法回答為什麼「木頭等有機物在燒成灰後會變輕，而金屬物質燃燒後所得到的金屬灰燼卻會變重」。

在燃素說的理論下，金屬灰燼的重量應該要比金屬還要輕才對。但當時的人們並不會去精確測量物質在燃燒前後的重量，所以金屬化為金屬灰燼時的重量變化，就這麼被含混帶過，並沒有動搖到眾多科學家支持的燃素說。

推翻燃素說的拉瓦節

拉瓦節是法國化學家，從他開始投入化學研究時，便很重視化學變化的定量性質（測量的數值）。他製作了當時敏感度最高的天平，測定了許多物質在化學反應前後的重量（質量）。

拉瓦節（一七四三～一七九四）

舉例來說，他做了一個相當有名的錫加熱實驗。

拉瓦節的「曲頸甑實驗」

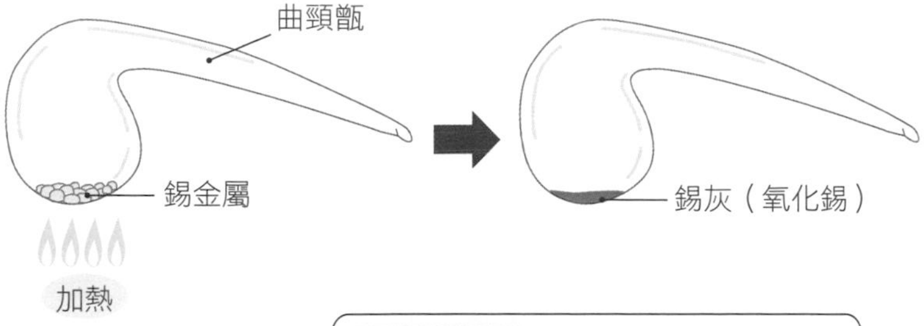

錫灰的重量

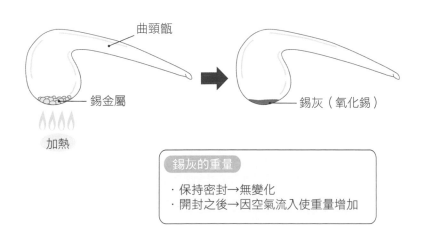

- 保持密封→無變化
- 開封之後→因空氣流入使重量增加

他將錫放入曲頸甑（將球狀玻璃容器的上端拉出一條長長的管子，開口再往下延伸後，所製成的容器）內密封，經過長時間加熱後，發現錫表面的金屬光澤消失，並產生了黑色粉末（氧化錫），加熱期間內，錫的重量沒有任何變化。在曲頸甑冷卻後開封，可以聽到空氣流入曲頸甑內的聲音，此時的錫灰卻變得比一開始的錫還要重，顯示這些增加的重量是來自流入瓶內空氣的重量。

拉瓦節由這個結果推論，金屬灰燼是金屬與空氣中的氧氣化合而成的產物（氧化物），並更進一步推廣到一般的燃燒現象。

拉瓦節很明確的指出，燃燒指的是「可燃物與氧氣結合的現象」，這麼一來，金屬灰燼變重的現象，就不需用「假設燃素的質量是負的」來試圖解釋了。

然而，拉瓦節因為曾經擔任過政府的稅務官，所以在法國大革命的時候遭處死。同為法國科學家的拉格朗日曾留下了「他的頭在一瞬間就被砍了下來，但即使再過百年，也等不到如此傑出的腦袋」這句有名的感嘆。他最後留下的「燃燒理論」是如此的輝煌成就，實在令人惋惜。

拉瓦節推翻燃素說

金屬燃燒時，究竟是釋放出燃素？
還是與氧氣結合？

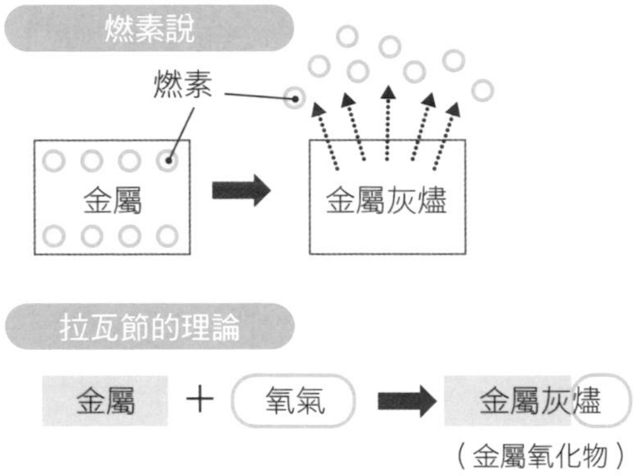

經過拉瓦節的研究以後，人們終於確定燃燒是「可燃物與氧氣結合，並釋放出光與熱的過程」。

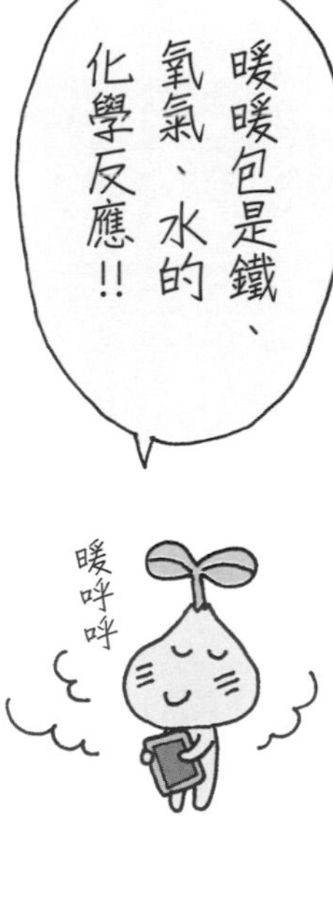

暖暖包是鐵、氧氣、水的化學反應!!
暖呼呼

04 煮熱水時為什麼啵啵啵的冒泡？

靜置水杯一陣子，杯子內壁會出現氣泡

倒一杯水，然後靜置一陣子，杯子內壁會出現一個個小氣泡。另外，開火煮一鍋水時，在沸騰之前，鍋子的內側就開始出現小氣泡；在泡澡的時候也可以看到類似情況，剛踏入浴缸時，體毛周圍會出現許多細小的氣泡。

這些氣泡裡面有什麼氣體呢？當然氣泡內一定有水蒸氣，不過大部分的氣體其實是原本溶解在水中的空氣（氮氣與氧氣等）。

自然界的水與空氣彼此接觸，所以有一定比例的空氣溶於水中。我們的日常生活環境為一大氣壓（一〇一三百帕），氣溫二〇℃，在這情況下，每一〇〇毫升的水中，有一．九毫升的空氣溶解在裡面。

因為水中溶有空氣，而空氣內含有氧氣，所以魚類跟其他水中生物就可以在水裡面呼吸，攝取溶在水中的氧氣。

在一大氣壓（一〇一三百帕）、二〇℃的條件下，一〇〇毫升的水分別可以溶解三．一毫升的氧氣、一．六毫升的氮氣、八十八毫升的二氧化碳；如果在六〇℃的條件下，這三個數字分別會變為一．九毫升、一．〇毫升、三十六毫升。六〇℃時，一〇〇毫升的水可以溶解共一．二毫升的空氣。

換句話說，愈冷的水，可以溶解愈多氣體，溫度上升時，氣體的溶解度會下降，也就是從水中分離出來，多出來的氣體就轉變成氣泡冒出水面。

夏天時，養在魚缸內的魚之所以會浮出水面，嘴巴反覆開闔，就是因為水溫上升，水中溶氧量不足，令牠們必須從空氣中攝取氧氣。

用冰箱冷凍室製冰時，冰塊中央有時看起來白白的，這也跟空氣有關。水在結凍過程時，原本溶於水中的空氣會分離出來，但因為水的外層已先結凍，所以那些空氣無法離開冰塊，於是就在冰塊內形成白色氣泡。如果把這些冰塊放入水杯中，就可以看到冰塊在溶解時，冒出許多小氣泡。

我曾在夏天的一次酒會結束後，拿著還沒開的罐裝啤酒回家。手上的罐裝啤酒就隨著我走路的步伐前後搖晃，走著走著，罐裝啤酒卻突然爆開來了。原來因為溫度升高，本來溶在啤酒內的二氧化碳紛紛冒出來，鋁罐內的空氣壓力就愈來愈大，一點輕微的衝擊力道就讓鋁罐爆開了。裝有碳酸飲料的玻璃瓶在存放或搬運時，也常會出現爆裂現象。

為什麼在可樂中加冰塊會冒泡？

氣體在水中的溶解度除了受到溫度影響之外，也和壓力有關，壓力愈大，氣體的溶解度就愈高。

因此，製造啤酒或可樂等碳酸飲料的過程，會用高壓強制讓大量二氧化碳溶入液體內。打開瓶蓋時，之所以會咻一聲的噴出泡沫，就是因為飲料從高壓狀態瞬間掉到只有一大氣壓，裡面的氣體就一股腦兒逸散出來。

不過，如果緩慢打開可樂瓶的蓋子的話，通常就不會噴出大量泡沫了。有時候，即使從高壓狀態突然降到一大氣壓，液體內的二氧化碳仍不會馬上竄出，而

假如把曼陀珠加入碳酸飲料內……

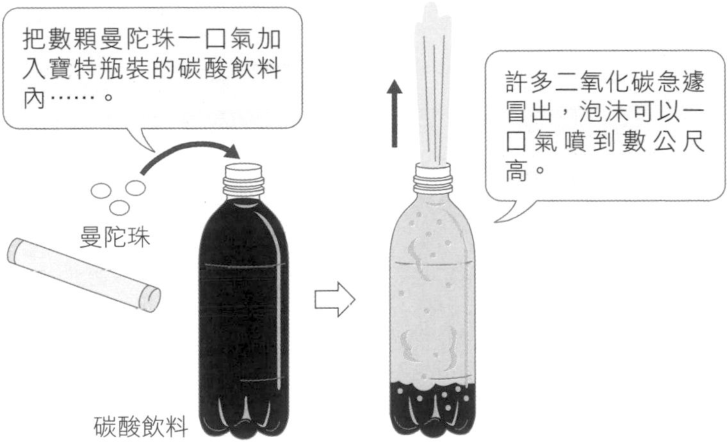

把數顆曼陀珠一口氣加入寶特瓶裝的碳酸飲料內……。
曼陀珠
碳酸飲料
許多二氧化碳急遽冒出，泡沫可以一口氣噴到數公尺高。

是保持溶解在液體內，這種狀態就稱做「過飽和」。

如果在打開碳酸飲料瓶蓋前奮力搖動瓶罐，或者將冰塊、曼陀珠、硬糖加入碳酸飲料內，碳酸飲料就會噴出大量泡沫。因為過飽和並不是穩定的狀態，稍有震動、衝擊，就會「觸發」溶液產生大量泡沫。

水沸騰時，氣泡內主要是什麼氣體呢？

把水放到鍋子內加熱，隨著溫度逐漸升高，水面上也冒出愈來愈多的水蒸氣，如果把手放在鍋子上方，應該會感覺有點濕濕的。

加熱到一〇〇℃時，水中會冒出大量氣泡，這種狀態稱做「沸騰」。沸騰時，液體中的每個液態分子都想轉變成氣態，所以水面啵啵啵的冒出氣泡來。

氣泡內不是空氣，而是水蒸氣。我曾在考試中出過這樣的題目「水沸騰時，氣泡內主要是什麼氣體呢？」

ㄅ空氣

ㄆ水蒸氣

ㄇ氫氣與氧氣

答案是ㄆ（水蒸氣），卻有不少學生回答ㄅ（空氣）。

水的沸騰狀態會一直持續到所有水都蒸發完畢為止，在水燒乾之前，鍋子內會一直維持一〇〇℃。沸騰時，外界提供的熱（能量），都是用在切斷液態水分子之間的連結，讓它們彼此拉開距離變成氣態水分子（水蒸氣）。

茶壺的白色蒸汽

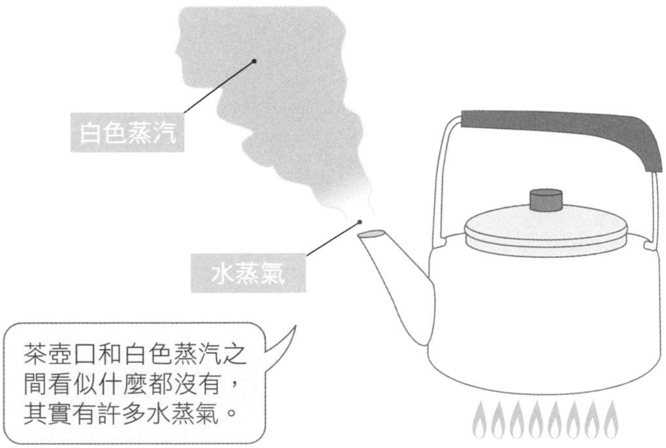
白色蒸汽
水蒸氣
茶壺口和白色蒸汽之
間看似什麼都沒有，
其實有許多水蒸氣。

現在我們來考慮用茶壺燒開水的情況。

茶壺蓋的內側會有許多水蒸氣凝結（從氣體轉變成液體）而成的水滴。大量的水蒸氣甚至還會將茶壺蓋往上推。

觀察茶壺口附近，可以看到許多白色蒸汽。但仔細一看會發現，茶壺口和白色蒸汽之間有一段透明無色的區域。

可能有人會認為白色煙霧的部分是「水蒸氣」，但其實白色煙霧是由細小的水滴組成，是液態水。而水蒸氣是由一個個分散的氣態水分子組成，是無色透明的，肉眼看不見。

水蒸氣從茶壺口噴出之後，遇到空氣後馬上冷卻，許多水分子便會聚集、凝結成小水滴，這就是我們所看到的白色蒸汽。

其他像是戴眼鏡的人在吃熱騰騰的拉麵時，鏡片馬上變得白茫茫一片，是因為熱燙的拉麵所蒸發出來的無色水蒸氣，碰到眼鏡時冷卻成小水滴。

眼鏡上白茫茫的「霧氣」和茶壺口的白色蒸汽都是由一粒粒無色透明的液態小水滴所組成，但因為水滴會把光線反射到四面八方，這樣之下，看起來就變成白色了。把無色透明的冰敲碎後，細小的碎冰看起來之所以是白色，也是因為光的多次反射所造成。

飄浮在空中的白雲其實也是由許多細小顆粒所組成，這些顆粒包括小水滴與小冰粒。

物質在不同溫度下，會呈現出固態、液態、氣態三種狀態，氣態下的分子是「一個個分散開來、移動快速」，所以呈無色透明，肉眼看不到它們的存在。當然，某些氣體具有顏色，例如氯氣是黃綠色，即使有顏色，但這些氣體仍然呈現透明狀，看不到小微粒。

也就是說，透明的物體可以分成無色透明與有色透明。

沸騰的機制

在滿足哪些條件之後，才會產生沸騰現象呢？讓我們以一大氣壓下的水為例，說明沸騰的機制。

想要了解什麼是沸騰，就得先知道壓力的概念。在我們平時的生活環境中，壓力是一大氣壓左右，當空氣分子從各個方向撞擊、推擠，就產生了大氣壓力。一大氣壓也會作用在水上。鍋子內不論哪個位置的水，都承受著一大氣壓的壓力（水愈深時，水壓愈大，不過這裡可以忽視鍋中水壓的差異）。

把水加熱時，水會從表面開始蒸發。在某個溫度時，水蒸氣中的水分子在彼此撞擊下所能夠產生的最大壓力，就稱為這個溫度的「飽和蒸氣壓」。

假設液態水的內部有一個小小的水蒸氣氣泡，當這個氣泡的飽和蒸氣壓比一大氣壓小的時候，氣泡會被外側的壓力（＝一大氣壓）壓扁，所以就無法形成這

沸騰的機制

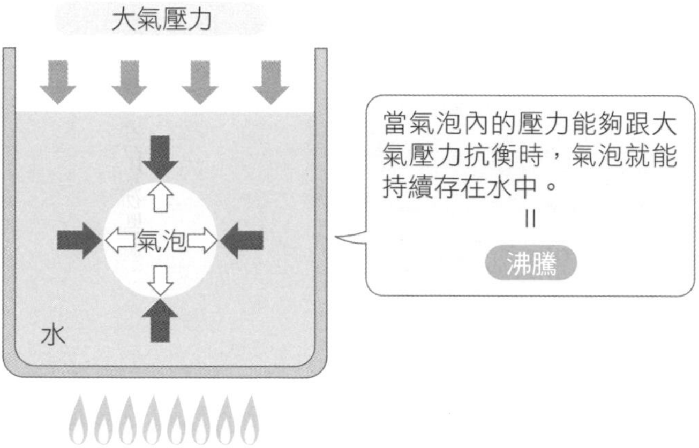
大氣壓力
當氣泡內的壓力能夠跟大氣壓力抗衡時，氣泡就能持續存在水中。
=
沸騰
氣泡
水

個氣泡。

水在一〇〇℃時的飽和蒸氣壓正好是一大氣壓。這時，氣泡內的壓力跟氣泡外的壓力達成平衡，讓氣泡能夠存在水中，也就是沸騰狀態。反過來說，讓水的飽和蒸氣壓增加到一大氣壓時的溫度是一〇〇℃，這就是水的沸點。

當大氣壓力改變時，達到沸騰的溫度也會跟著變化。高山上的氣壓明顯比一大氣壓小，舉例來說，在海拔三七七六公尺的富士山山頂，氣壓約為〇．七大氣壓，水在八十七～八十八℃時就會沸騰。因為沸點比平地低了十二～十三℃，煮飯時會因為沒有充分受熱，煮不透米粒的中心。

北印度的拉達克地區，海拔高度與富士山接近（約為三五〇〇公尺），我曾拜訪過這個地區的家庭，他們家的廚房就準備了許多壓力鍋。壓力鍋可在煮食物時加壓，讓水的沸點超過一〇〇℃。

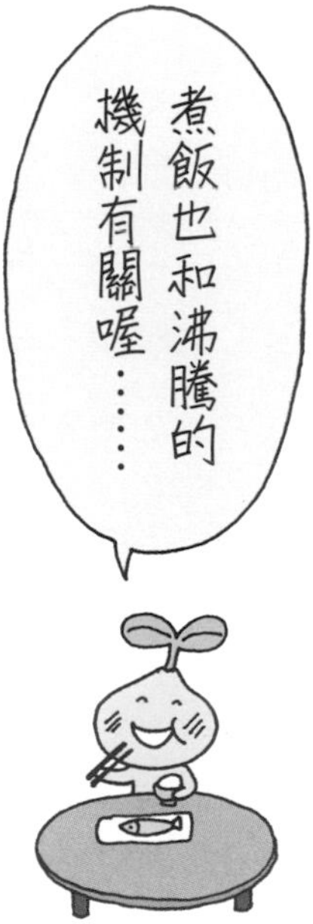

05 方糖溶解是很壯觀的

水能溶解許多物質

覆蓋地球表面許多區域的水，又稱做「生命之母」。一般認為，地球誕生六億年之後，也就是約四十億年前時，海洋中出現了第一個生命。

生命的原料——胺基酸——是在哪裡產生，又是如何進入海洋的呢？有人認為胺基酸在地表生成，有人認為在海底生成，還有人認為來自太空，眾說紛紜。一般認為，海洋中的各種胺基酸分子之間發生了化學反應，逐漸形成類似蛋白質的化合物，之後又獲得了自我複製的能力，這就是地球生命誕生的開端。

水之所以被稱做生命之母，有一個很大的原因，那就是「水可以溶解非常多種物質」，這可說是生命誕生的重要條件。

流經我們身體各個角落的血液，裡面溶有氧氣與各種營養素，血液能夠把這些成分運送到各個細胞，也可以溶解身體不需要的廢物，再帶出體外。「溶解」這個現象在自然界中扮演著很重要的角色，在人類的生活和生產活動中，也處處可見到溶解的應用。

在家裡面做菜時，人們加入食鹽、砂糖來調味，這就是一種很常見的「溶解」現象。要是食鹽或砂糖不能溶解在水中的話，我們的舌頭就沒辦法品嘗出鹹味、甜味。製作醃漬物時，之所以要用食鹽來醃漬，就是因為食鹽溶於水後，能影響到微生物的繁殖，以及改變植物組織的結構，就能做成可保存的食品。另外，去漬油可以溶解皮膚分泌的皮脂，所以可用來去除和服或一般衣服衣領上的汙漬。

溶於水中的砂糖

讓我們以砂糖為溶質、水為溶劑，說明溶解是怎麼回事吧。

砂糖原料是來自紅甘蔗莖部的汁液或甜菜根部的汁液。不管哪種植物，都可以在體內製造糖分做為能量，不過紅甘蔗與甜菜含有的糖分特別高，是人類為了製造蔗糖而特地培育改良出來的栽培作物。

製糖工廠會把砂糖溶液濃縮、煮沸、去除雜質，最後得到砂糖的白色結晶。結晶顆粒特別大的糖可製成冰糖。

在玻璃杯內放入一兩個冰糖結晶，加入水，然後靜置，接著透過光線觀察冰糖溶解的樣子。

靠近結晶表面的水，看起來有飄搖晃動的影子，這是因為在結晶表面的砂糖溶液濃度比較高的關係。這種因為液體濃度不一，造成光線折射率改變的現象，稱做「紋影現象（Schlieren）」。

需要很久一段時間，冰糖才能夠完全溶解在水中，溶在熱水裡的話可以縮短溶解時間。或者放置一個晚上，硬梆梆的冰糖也能夠完全溶解了。

接著，在另一個杯子裡放入一顆方糖，進行相同的實驗。方糖是由許多砂糖的小型結晶聚集而成，並擠壓成方塊狀。同樣是一公克的糖，方糖接觸水的表面積比冰糖的還大得多，所以也溶解得比較快。

方糖在杯中溶解的樣子

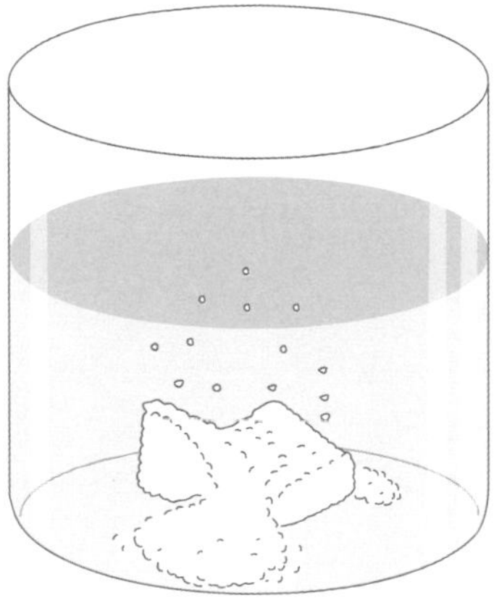

用放大鏡觀察方糖在杯中溶解的過程，可以看到彷彿高樓大廈崩塌的慢動作影像，場面其實相當壯觀喔。

那麼，砂糖溶解後，結晶到哪裡去了呢？

即使肉眼看不到結晶，砂糖仍存在糖水中。不過，如果溶液中的砂糖並不是結晶型態，那看起來會變成怎麼樣呢？

溶解到最後，砂糖的顆粒完全消失，只看到一杯無色透明的糖水，這個過程稱做「砂糖溶於水中」，而最後得到的液體叫做「砂糖水溶液」，更正式的名稱叫做「蔗糖水溶液」。

如果水裡面溶的是食鹽，則稱做「食鹽水溶液」。

不管是砂糖水溶液，還是食鹽水溶液，加熱使水分蒸發以後，原本溶於水中的砂糖與食鹽就會析出來。

砂糖溶於水中後，雖然看起來形體消失了，但砂糖本身仍然存在。把一〇公克的砂糖加入一〇〇公克的水裡面之後，會變成一杯一一〇公克的水溶液，也同樣具有甜味。

即使形體消失，溶於水中的物質仍然確實存在水裡面。

砂糖是由蔗糖分子所組成，同樣的，水是由水分子組成。每一個分子都是小到肉眼看不見的粒子，不過當大量分子聚集在一起時，肉眼就看得到了。固態砂糖粒與液態水都是由許多分子聚集而成。

把砂糖加入水中後，蔗糖分子會被水分子一個個拉開，均勻散布在水中。肉眼之所以看不到砂糖，就是因為每個蔗糖分子之間的距離被拉開了。

那麼，當砂糖完全溶解之後，砂糖水溶液的表面與底部的濃度一樣嗎？

不管是砂糖水還是食鹽水，當溶質完全溶於水中時，水溶液內各處的濃度都相同。砂糖分子或氯化鈉（食鹽）的離子，不只均勻分散在水溶液中，也會和水分子一起在水溶液內快速運動，最後就會使水溶液中各處的濃度相等。

喝加糖的咖啡時，之所以會覺得杯底的咖啡味道比較甜，是因為有未完全溶解的砂糖沉澱在底部的關係。

所以，溶質溶解在水中後得到的水溶液，會是透明（無色透明或有色透明）的液體，而且溶解前後的液體重量都是一樣的，溶液內部各個位置的濃度也都均勻一致。

混濁的液體是溶液嗎？

用湯匙挖取少許片栗粉（以前的片栗粉是由「片栗」這種植物製成的澱粉，現在則改以馬鈴薯澱粉製成。類似台灣的太白粉）放入杯中，再將水加到八分滿，充分攪拌，液體會變成白色混濁狀。

靜置一陣子之後，片栗粉的顆粒會逐漸沉澱下來，過兩三天後，杯子內的水會變回清澈的樣子，如果用湯匙舀起上層的水，拿去加熱蒸發掉水分，湯匙內便什麼也不剩，顯示上層是水，而片栗粉沉澱物不溶於水。把片栗粉與水攪拌混合後，所得到的白色混濁液體，並不是水溶液。

進行胃部X光檢查時需喝下白色的「鋇」藥劑幫助顯影。鋇劑是含有硫酸鋇粉末的白色混濁液體，但這種液體無法溶於水中。

金屬鋇對人體有毒性，要是鋇能溶於水中，就會被小腸吸收到體內，使人體中毒。然而硫酸鋇不溶於水，所以身體無法吸收，最後會形成糞便排出體外。

而白色的鋇劑之所以喝起來味道有點甜甜的，是因為裡面含有其他一些可溶於水的物質，是這些物質呈現出的味道。

總而言之，要是水中出現混濁狀顆粒或沉澱物，就表示這些物質不溶於水。可溶於水中的物質會在水中彼此散開，成為許多小分子或離子，而混濁狀顆粒或沉澱物則是許多分子或離子聚集而成的物質。

咖啡跟牛奶是水溶液嗎？

砂糖溶於水中時，溶液呈現完全透明的樣子。相較之下，如果是用澱粉跟溫水混合，或者把少量黏土放入水中攪拌均勻，再靜置一陣子後，液體仍然呈現有些混濁狀，不會變成完全透明的樣子。不過，這些液體仍稱得上是「各處濃度皆相同的混合物」，要把它當做溶液來看或許也勉強說得通。

然而，澱粉溶液與砂糖水溶液有許多很不一樣的性質。舉例來說，如果用雷射筆這樣的雷射光源打向這兩種水溶液，雷射光穿過砂糖水溶液後並不會留下任何痕跡，但在澱粉溶液中卻會出現一條清楚的光線路徑，這種現象稱做「廷得耳效應」。

砂糖水或食鹽水中，每個蔗糖分子或食鹽離子彼此是分散的，溶質粒子非常微小。但在澱粉溶液中，每個澱粉粒子卻比砂糖水溶液中的蔗糖分子還要大上許多，這些粒子就會使光線出現散射現象。

像澱粉溶液這種會產生廷得耳效應的溶液，液體中的溶質粒子又稱做膠體粒子，液體就稱做膠體溶液。而砂糖水和食鹽水則屬於真溶液。

一般透明的真溶液中，一個溶質粒子的原子數最多不會超過一千個；但一個膠體粒子中，可能就含有一千～十億個原子。

廷得耳效應

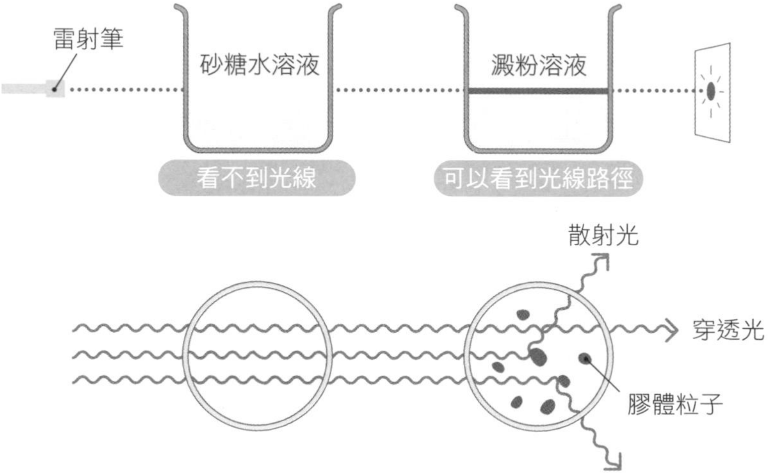

我們的生活周遭和自然界當中常可看到各種膠體溶液。例如生物的體液、混濁的河水、肥皂水、牛奶、墨汁、咖啡、果汁等，都屬於膠體溶液。這些溶液的溶質不只包括膠體粒子，也含有普通的小分子，所以是真溶液與膠體溶液的混合物。

像低濃度的肥皂水屬於真溶液，不過提高濃度時，各個分子會聚集成一種稱為微胞（micelle）的分子團，這種分子團與膠體粒子差不多大，所以高濃度的肥皂水屬於膠體溶液。

有些膠體粒子能緊密的聚集連結成網狀，因為膠體粒子聚在一起，失去了流動的性質而變成固體狀，但粒子間的空隙仍含有水分子，它們就稱做凝膠，例如豆腐、果凍、寒天、蒟蒻等都屬於凝膠。

06

磁鐵居然有這個弱點……

古時候「磁石」的命名是怎麼來的？

古時候，人們便知道有種石頭（礦石）可以吸引鐵，綁上線吊起懸空後會指向南北方向。這就是所謂的天然磁石，磁石的「石」就來自礦石。在十九世紀中期以前，磁石皆由天然石頭製成。

而磁石的「磁」字則源自中文字的「慈」，原本稱做「慈石」。「慈」代表「慈祥」，有著「重視、愛護、照顧」的意思，人們看見磁石吸引鐵的樣子，就好像母親擁抱小孩，溫柔的照顧小孩一樣，所以把它稱做慈石。

在這之後，人們改用鐵金屬或鋼做為磁石的材料，於是在中國便有人改稱它做「磁鐵」，因為這些磁石「不是石頭」。

用磁鐵吸起鐵砂

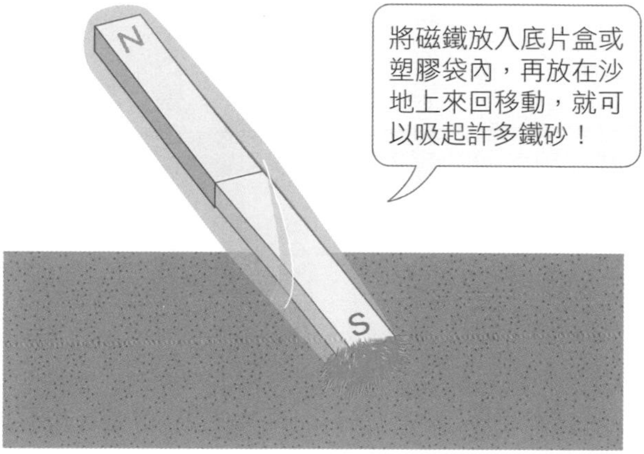

將磁鐵放入底片盒或塑膠袋內，再放在沙地上來回移動，就可以吸起許多鐵砂！
N
S

那麼，目前有哪些磁石是用「石頭」製成的呢？例如用來將紙張吸附在黑板上的黑色鐵氧體磁鐵，就可算是石頭製成的磁石，這種磁石的材料是金屬氧化物，但已經失去金屬的性質，比起金屬，它更像是石頭，不僅沒有金屬光澤，也無法通電，經過敲打後會像石頭一樣碎裂。

鐵砂是「砂」還是「鐵」呢？

校園內的沙、住家附近公園的沙坑、山上的土壤、海岸沙灘等，這些地方的砂土中都含有鐵砂。日本各處都可以看到鐵砂的蹤影。

事實上，鐵砂原本來自岩石。大多數岩石的主成分為石英、長石、雲母，除此之外，也含有磁鐵礦（鐵砂），這些岩石都來自地球內部的岩漿。岩石經風化作用裂解粉碎後，石英、長石等成分會一一分離開來，磁鐵礦也會跟著散布到一般的砂土之中。

磁鐵礦（鐵砂）是一種具有結晶外型的礦物，它是鐵與氧氣結合而成的氧化鐵，跟金屬鐵（鐵粉）不一樣。如果把金屬鐵粉放置在有空氣與水分的地方，過一陣子就會產生紅色鐵鏽；而鐵砂因為是已經生鏽的物質，所以不會產生變化。可以這樣說，磁鐵礦是一種像鐵一般會被磁石吸引的「砂」。

許多岩石都含有磁鐵礦，含有大量磁鐵礦的石頭，甚至可形成強力磁鐵，假如吊起一顆石頭，再用強力磁鐵靠近它，有很大的機率能吸引這顆石頭。

暫時磁鐵與永久磁鐵

把鐵粉撒在棒狀磁鐵上，會發現鐵粉往磁鐵兩端靠近，因為磁鐵兩端對鐵的吸引力最強，這個吸引力最強的位置就稱做磁極。

用線吊起棒狀磁鐵，磁鐵平衡靜止後會指向南北方向，指向北方的磁極稱做北極（N極），指向南方的磁極稱做南極（S極）。N極與S極會互相吸引；N極與N極，以及S極與S極則會互相排斥。

用磁鐵吸住鐵塊時，這個鐵塊也會轉變成磁鐵。鐵塊被磁鐵吸住的一端會轉變成和這個磁極相反的磁極，另一端則會轉變成和這個磁極相同的磁極，舉例來說，鐵塊被磁鐵N極吸引的部分，會轉變成S極，鐵塊另一端則會轉成N極。這時鐵塊具有磁性，也就是鐵塊被磁鐵「磁化」了。即使鐵塊沒有直接接觸到磁鐵，只要靠近磁鐵，在磁場的作用下，鐵塊也會順著磁場的方向被磁化。

鐵絲與鐵釘是以軟鐵製成，即使這些東西在磁鐵的磁場內被磁化，但只要離開磁場沒多久之後，就會恢復成一般的軟鐵，也就是說，軟鐵只能形成「暫時磁鐵」。這種性質使軟鐵可用來製成電磁鐵的芯，只要通電，就能磁化成磁鐵，斷電時，磁力就會消失。

不過，如果是用縫衣針或鋼琴線等鋼鐵製品，只要被磁化成磁鐵，之後也會一直保有磁性，這又叫做「永久磁鐵」。

磁場與磁力線

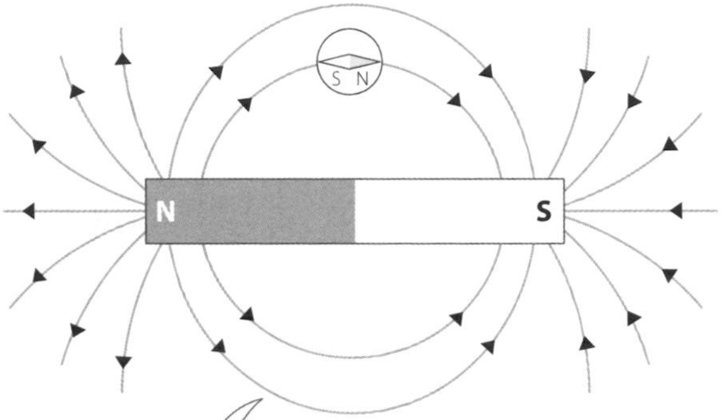

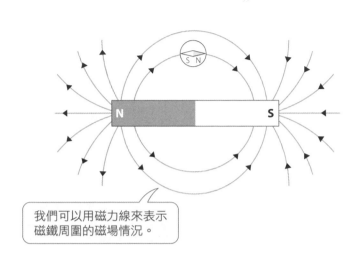

我們可以用磁力線來表示磁鐵周圍的磁場情況。

磁極周圍磁力作用的空間稱為磁場，日語中也稱做磁界，「磁界」一詞常出現在日本的自然科教科書，以及實際應用磁鐵的工程領域，而「磁場」一詞則常用在物理學。

為什麼要用鐵蓋住呢？

生活中，我們常用一種圓形磁鐵把紙張吸附在冰箱或黑板上，用來記錄事情或是公告。其實這些圓形磁鐵外面還有一層鐵包覆著，這層鐵像蓋子一樣，蓋住圓形磁鐵的其中一面，不過因為塗料的關係，一般看不太出這兩者的差別。

為什麼「固定紙張用」的磁鐵還要用鐵包覆住

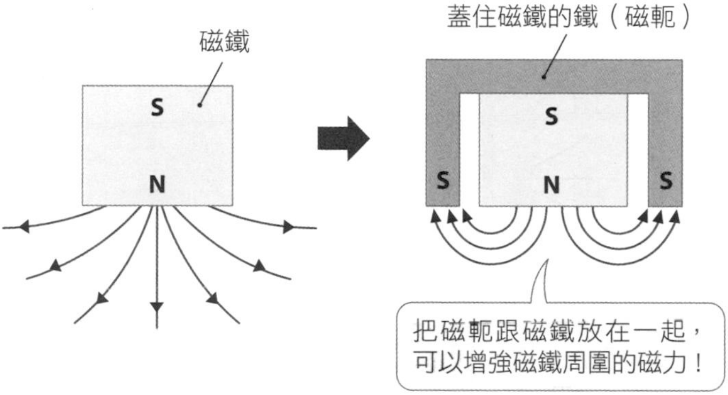

固定紙張用的圓形磁鐵與包覆磁鐵的鐵彼此緊密連接，不過，這層鐵不是為了保護磁鐵，而是用來增強磁鐵的吸引力（磁力）。這塊包覆用的鐵又叫做「磁軛」。

我們常用磁力線的分布來表示磁鐵周圍的磁場，磁力線的方向由N極指向S極。

磁軛可以防止磁鐵所發出的磁力線分散開來，它能讓磁力線集中、變得更密，一起進入磁軛的端點。使用磁軛之後，就相當於拉近了原本圓形磁鐵的N極跟S極的距離，使吸引力變得更強。

磁鐵靠近時會遠離磁鐵的物質

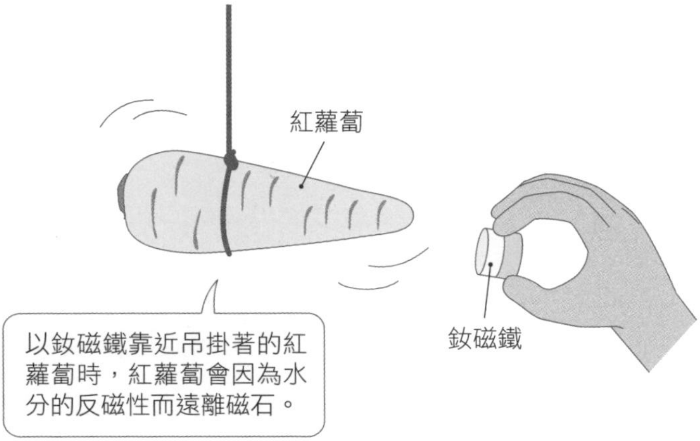

紅蘿蔔
以釹磁鐵靠近吊掛著的紅蘿蔔時，紅蘿蔔會因為水分的反磁性而遠離磁石。
釹磁鐵

磁鐵靠近時會遠離磁鐵的物質

鐵、鈷、鎳等物質會被磁鐵吸引，這些物質具有很強的磁性，又稱做「強磁性物質」。不屬於強磁性物質的材料對於磁鐵的反應則相當弱，我們通常會說這些物質「不受到磁鐵吸引」。

不過，如果用超強力磁鐵靠近的話，不管是哪種物質都會產生反應。我們可以依照反應的狀況，把這些物質分成兩種，也就是會被磁鐵吸引的物質，以及被磁鐵排斥的物質。

可被磁鐵吸引的物質稱為「順磁

性物質」，像液態的氧氣放在磁場當中時，就會產生磁性，被磁鐵吸引。

其他像是錳、鈉、鉑、鋁等，皆為順磁性物質。一日圓硬幣是百分之百的鋁製品，若讓一日圓硬幣浮在水面上，再拿強力磁鐵靠近，硬幣會滑過水面，被強力磁鐵吸引過去。

另外一種物質在靠近磁鐵時，會被磁鐵排斥——也就是「反磁性物質」，包括石墨、銻、鉍、銅、氫、二氧化碳、水等物質。如果拿著超強力磁鐵靠近靜止的水面，會發現水面出現凹陷。把石墨棒這類反磁性物質懸吊起來，拿超強力磁鐵靠近時，石墨棒會往遠離磁鐵的方向移動。

磁鐵王國・日本

二次大戰前，日本的本多光太郎（一八七〇～一九五四）發明了一種性能凌駕於當時候所有磁鐵的超強力磁鐵——ＫＳ鋼，震撼了全世界的人。

一九三一年時，三島德七（一八九三～一九七五）發明了ＭＫ鋼。ＭＫ鋼和本多改良過的新ＫＳ鋼，成為了後來研發鋁鎳鈷合金磁鐵的基礎。大約在同一時期，加藤與五郎（一八七二～一九六七）跟武井武（一八九九～一九九二）發明了OP磁鐵，後來演變成了現在的鐵氧體磁鐵。

OP磁鐵是由鐵、鈷混合氧化物所製成，與過去發明的幾種金屬合金磁鐵不同。這種磁鐵證明了用金屬氧化物也能製成強力磁鐵，為現今大量生產的鐵氧體磁鐵開啟了先河。

不過，磁鐵王國．日本也曾有過低潮期。後來歐美國家又研發出了釤鈷磁鐵，磁力相當強，讓許多人認為，以後不可能再有人能開發出比這更強的磁鐵。

「輕薄短小」是時代的趨勢。即使釤鈷磁鐵的價格昂貴，但它最大的優勢就是能以極微小的尺寸獲得所需的磁場，所以在小型電子產品中，釤鈷磁鐵可說是不可或缺的零件，它廣泛應用在小型馬達、發電機、手錶、音響等裝置中。

但是，磁鐵王國．日本也沒那麼容易認輸。一九八四年，日本成功開發出了性能超越釤鈷磁鐵的磁鐵，這是由佐川真人開發出的釹磁鐵。在目前市面上的磁鐵中，釹磁鐵為性能最強的，由於它含有鐵成分，容易跟氧發生作用而生鏽腐蝕，所以人們後來都會在釹磁鐵的表面鍍上鎳來保護它。

磁鐵很不耐熱！

許多日本人大概有聽過「在富士山山腳下的青木原樹海，指南針會失效」的傳聞。

一般認為，這跟青木原地底下含有許多由含鐵熔岩組成的岩石有關。高溫熔岩冷卻凝固成岩石時，會依照當時的地球磁場磁化為磁石。當指南針靠近這些岩石時，會受到磁場影響，而無法指出正確的方向，不過，只要指南針遠離熔岩，就能正常運作了。我曾經去過兩次青木原樹海探險，指南針都可正常運作。

把磁鐵加熱到一定溫度時，磁鐵會失去磁性，這個溫度又叫做居禮溫度（居禮點）。例如超強力釹磁鐵的居禮溫度為三〇〇℃、黑色鐵氧體磁鐵的居禮溫度為四五〇℃。居禮溫度的名稱源自法國的物理學家皮耶·居禮（一八五九～一九〇六），他的妻子就是著名的放射性元素釙和鐳的發現者瑪麗·居禮（一八六七～一九三四）。

受熱超過居禮溫度之後，磁鐵內部的「小小磁鐵☆」排列方向會亂掉，如此

磁鐵很不耐熱！

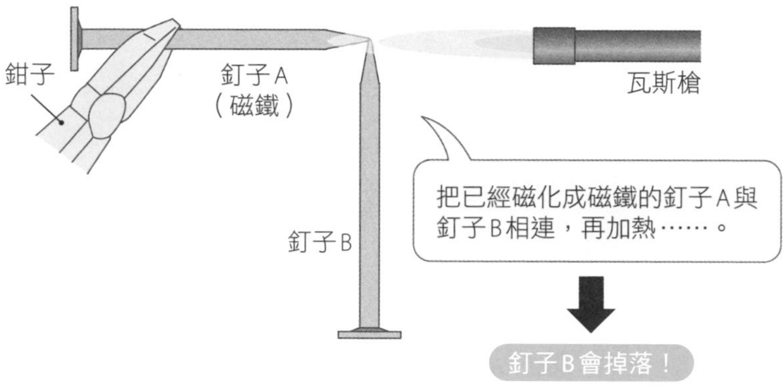
鉗子
釘子A
（磁鐵）
瓦斯槍
把已經磁化成磁鐵的釘子A與
釘子B相連，再加熱……。
釘子B
釘子B會掉落！

一來，磁鐵就會失去磁性。

那麼，等到磁鐵冷卻之後，能夠恢復原本的性質嗎？如果要讓磁鐵恢復磁性，需要重新施加磁場來磁化它才行。但如果環境溫度超過居禮溫度，即使周圍有磁場存在，磁鐵的性質也無法恢復。

以地球上的岩石為例。當岩石遇到像是地底岩漿等高溫時，若溫度超過居禮溫度，內部的小小磁鐵方向就會重新排列，環境冷卻後，小小磁鐵便會沿著當時地球的磁場方向再次磁化。青木原樹海的熔岩就是這樣被磁化的。人們可從熔岩的磁場方向，知道過去地球磁場方向曾經改變過。

事實上，地球的磁場在歷史中就曾出現過好幾次反轉。這種地磁反轉的現象大約每數萬年～數十萬年就會發生一次。地磁反轉時，磁場會先慢慢變弱，有段時間會變為零，接著再變成反方向的磁場，然後漸漸增強。

科學家發現，目前地球磁場正在逐漸減弱中，顯示正處在磁場反轉的過渡期。如果照著這個速度減弱下去，大概再過幾千年，磁場就會變成零了。

地球磁場變成零的時候會發生什麼事呢？外太空無時無刻都有高能量的宇宙射線照射著地球，對生物體有很大的傷害，因為地球有磁場形成保護罩，才得以防止宇宙射線抵達地表。要是地球磁場消失，宇宙射線就會直接打在地表上，影響地球生物的生存。

☆編註：小小磁鐵指的是物質內部原子產生的磁矩，一般物質內部的磁矩方向隨意不定，因而互相抵銷；如果磁矩的方向統一，物質就顯現出磁性。

07

鑷子是「槓桿」的應用

槓桿與力矩

當物體受到兩個力作用，而且這兩個力「大小相同、方向相反」時，作用力會抵銷，物體的運動狀態保持不變。而槓桿則可讓大小不同的力達成平衡。

討論槓桿時，需指出支點、抗力點、施力點等三個點。支點是支撐槓桿的固定點。施力點是施加力量的點，例如手施力的位置，可推動槓桿轉動。抗力點則是力作用的點，也就是輸出力量的位置，會阻抗槓桿轉動。

槓桿與「力矩」有關，力矩的英文稱做「torque」或「moment」，用來表示作用力讓物體轉動的程度，也就是「力×力臂（支點到施力點或抗力點之間的距離）」。力矩愈大，槓桿愈容易轉動；當槓桿保持平衡時，表示合力矩為零。

三種槓桿類型

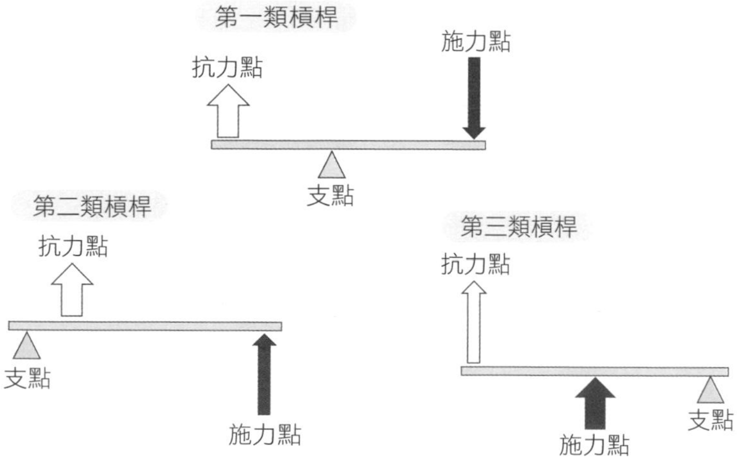

你可以回想一下玩翹翹板的過程，這也是槓桿的運用喔。

三種槓桿類型

槓桿由支點、抗力點、施力點等三要素構成，依照這三點不同的排列位置，可以將槓桿分成三種類型。支點在中間的槓桿為第一類槓桿，抗力點在中間的槓桿為第二類槓桿，施力點在中間的槓桿為第三類槓桿。

第一類槓桿的支點位在中間，如果施力點在右邊，那麼這三個點由左而右分別為「抗力點、支點、施力點」。在第一類槓桿的應用中，通常

「支點－施力點」的距離會比「抗力點－支點」的距離長，如此一來，只要在施力點施加一個較小的下壓力量，就能在抗力點產生一個較大的上抬力量；相對的，施力點也需要移動比較長的距離。

這可以說是一種代表性的槓桿，從前的古人要移動巨大石塊時，就常利用這種槓桿。現在生活中經常使用到的拔釘器、剪刀、開罐器、尖嘴鉗、易開罐，都是第一類槓桿的應用。

使用拔釘器時，需在施力點往下壓，才能拔掉釘子；打開易開罐時，則需將拉環部分往上拉，才能使開口部分往下壓。因為這兩種情況的施力臂都比抗力臂還長，所以可以讓抗力點產生比施力點更大的力量。

第二類槓桿的抗力點在中間，當施力點在右邊時，從左而右分別是「支點、抗力點、施力點」。第二類槓桿中，「支點－施力點」的距離必定比「支點－抗力點」還要長，所以只要在施力點施加小小的力量，便能在抗力點產生很大的力量，當然，施力點也需要移動較長的距離，這屬於省力費時的槓桿。像開瓶器、開核桃器都屬於第二類槓桿。

第一類槓桿

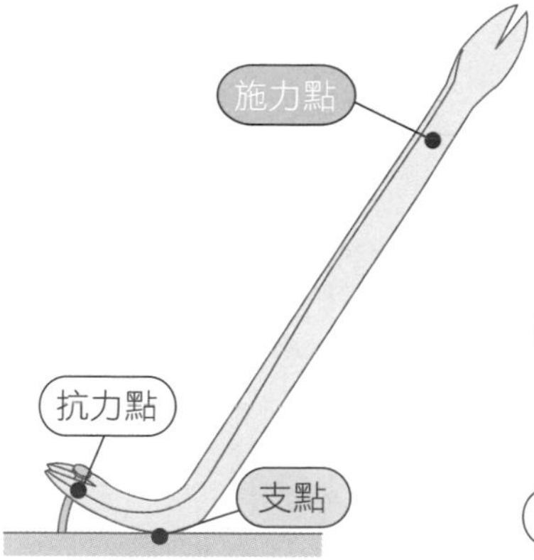

拔釘器

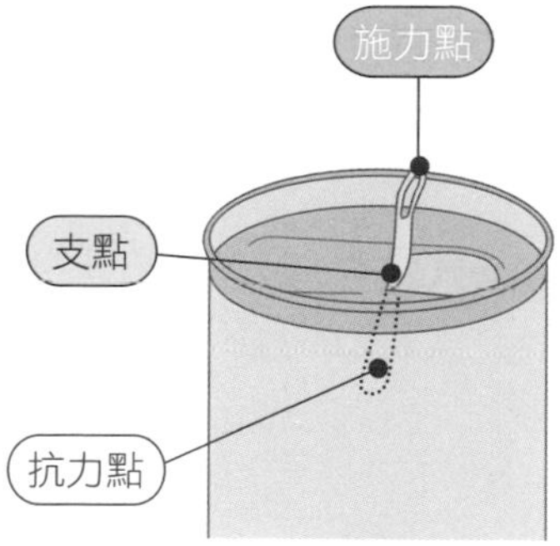

易開罐

第二類槓桿

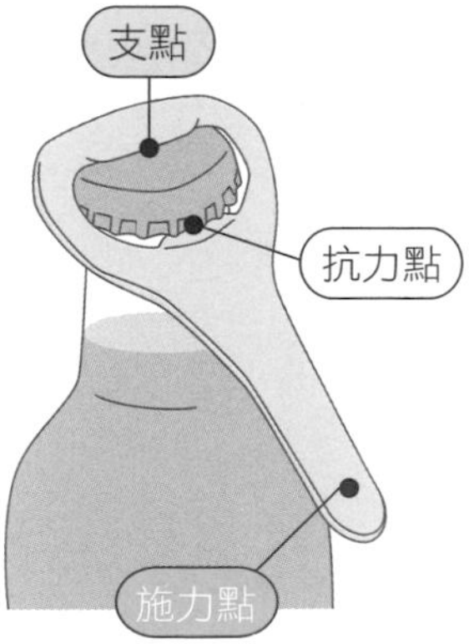

開瓶器

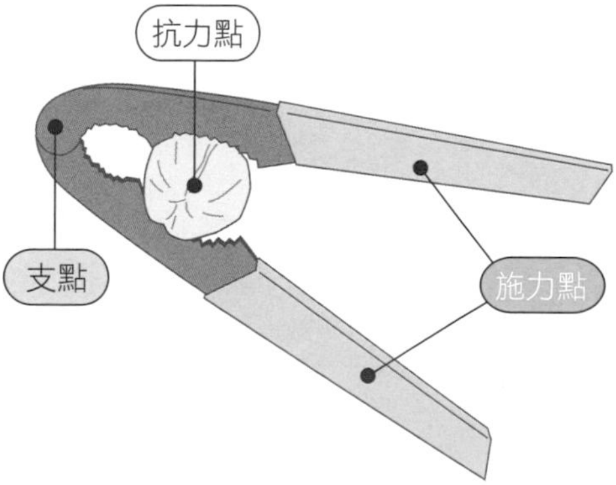

開核桃器

第三類槓桿

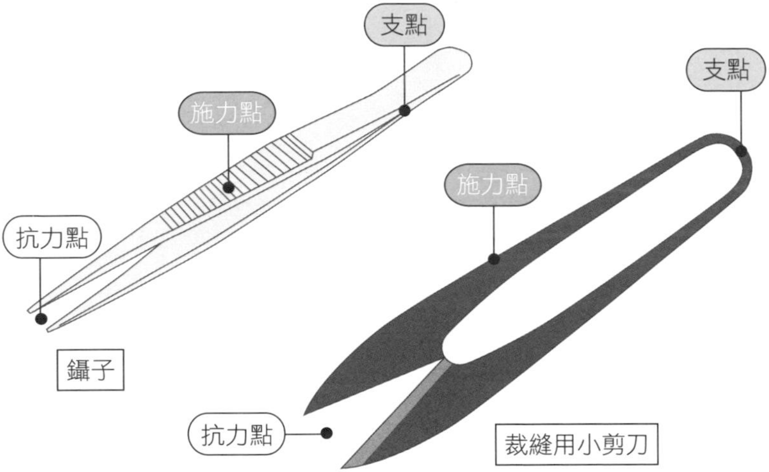

第三類槓桿的施力點在中間，當抗力點在左邊時，由左而右分別是「抗力點、施力點、支點」。

當我們想節省施力的移動距離，或是讓抗力的移動距離擴大時，就會使用第三類槓桿。因為支點跟施力點比較接近，所以施力點只要小幅度移動，就可讓抗力點產生大幅度移動；相對的，也需在施力點施加較大的力量，才能讓抗力點產生一個較小的力量，這屬於省時費力的槓桿。

舉例來說，使用鑷子時雖然需耗費比較大的力氣，卻能增加抗力點的移動距離，可以更靈活的夾起精細

應用旋轉力量的「槓桿」

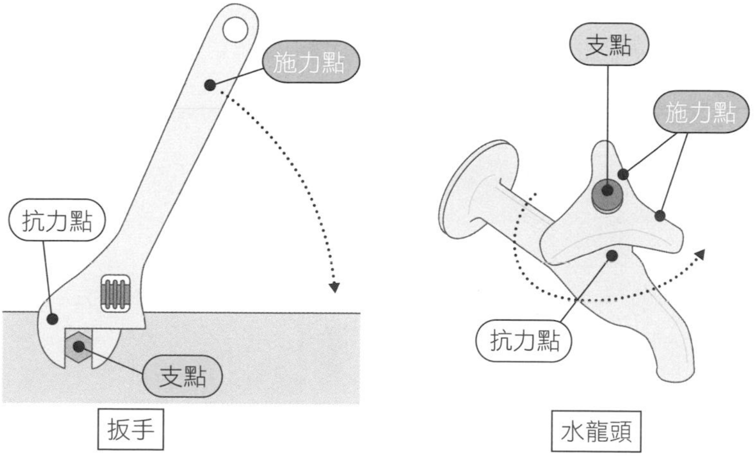

的小東西，進行細微操作時會方便許多。其他包括裁縫用小剪刀（和式剪刀）、食物夾、小型釘書機、筷子等，都是這類槓桿的應用。

應用旋轉力量的「槓桿」

當我們想要運用旋轉的力量，會把施力點放在離支點比較遠的地方，這樣便能產生較大的旋轉力，槓桿的力臂愈長，獲得的旋轉力道就愈大。例如方向盤就是這種旋轉力的應用。

如果水龍頭的旋轉把手部分脫落，只剩下中間的轉軸的話，就沒那麼容易轉開了，就算纏上布用力旋

輪軸

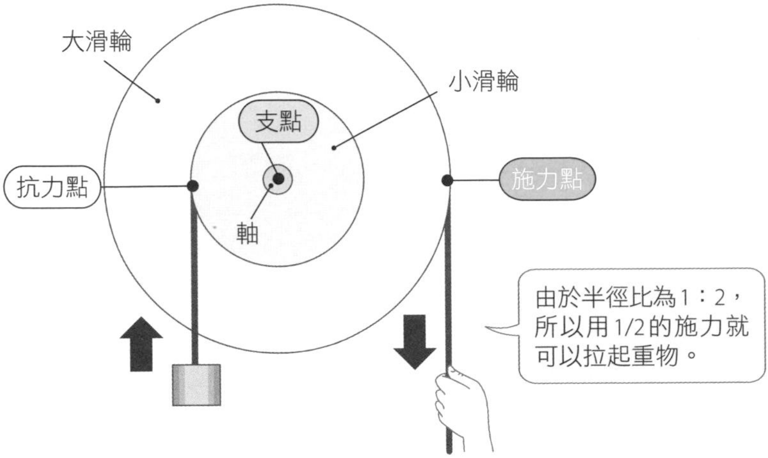

轉，也很難轉得動。

這時候可以利用鐵絲把螺絲起子綁在轉軸上，再用手握住螺絲起子的兩端來旋轉，增加力臂的長度後，就可輕鬆轉動轉軸，打開水龍頭流出水。

其他像是扳手、門把、螺絲起子、自行車的把手、汽車的方向盤等的轉動，都是這種槓桿的應用。

這種槓桿就是輪軸工具的原理。輪軸是由兩個半徑不同，中間固定在同一個軸上的滑輪組合而成。使用輪軸吊起重物時，會把重物掛在小滑輪的繩子上，再拉動大滑輪的繩子，這樣一來，就可以用比較小的力氣舉起重物了。

我們的生活是由許多「槓桿」支撐起來的喔。

08

東西南北的種種

地球的北極是地磁的S極

指南針或綁著線的棒狀磁鐵會受磁場影響，而指向地球的北極與南極，是因為整個地球可以看做一塊大磁鐵，它有強大的磁場。

在兩千多年以前，歐洲希臘時代的人們就已經知道天然磁石的存在。不過中國發現磁石的時間似乎更早，在一本有二二〇〇年以上歷史的書籍中，就有「慈石」的記載（參考一六二頁）。

首先發現到用天然磁石摩擦鐵針後，便可讓鐵針指向南北的也是中國人。古代中國人會把磁針放在水面讓它漂浮著，或者用線綁著磁針，等到磁針平衡靜止後，藉此判斷方位。

地球的磁場

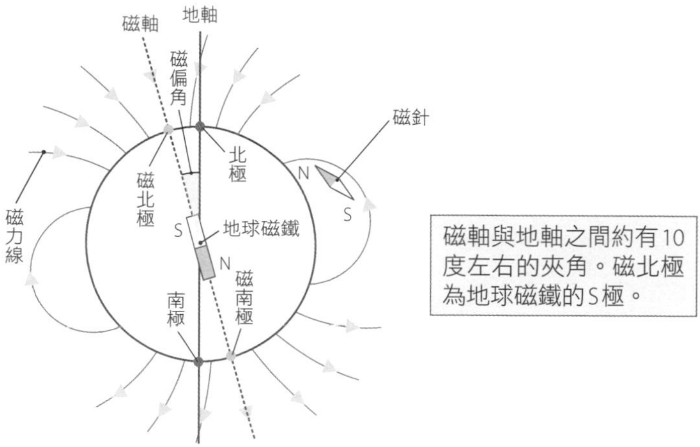

這個發明經由印度和阿拉伯傳到歐洲，改良成讓磁針懸在板子上，並在板子上標記東西南北來指示方向，也就是羅盤。

羅盤的N極之所以會指向北方，是因為地球磁鐵的S極在北極附近，而N極在南極附近。要注意的是，地球磁鐵的S極／N極與地球地軸（自轉軸）的北極／南極並非完全一致，而是有稍微偏移錯開。

真正的北方與羅盤所指的北方之間的夾角，叫做磁偏角，地球上緯度愈高的地點，磁偏角就愈大。日本的磁偏角為偏西四度至一〇度間。在

日本的磁偏角

地磁方向 － 磁偏角 ＝ 真正方向

地磁方向：羅盤或指南針指向的北方（磁北極）
真方向：地圖上的北方（真北極）
磁偏角：磁北極與真北極之間的夾角

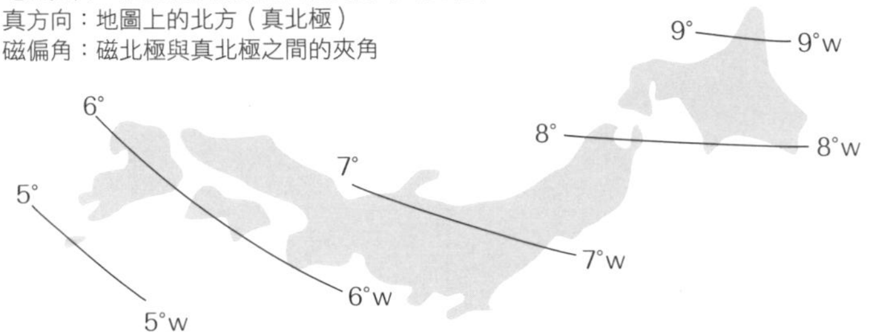

在日本，磁北極在真北極的西側，
故會以「偏西（W）〇度」來表示。

北海道使用羅盤時，羅盤指向的北方為正北偏西約九度；東京為偏西約七度；沖繩為偏西約五度。

日本的國土地理院會將日本各地的磁偏角繪製成二萬五千分之一與五萬分之一的地形圖。

地球的磁場又叫做地磁，一般認為，地磁的來源是地球中心的「地核」所產生，地核呈球狀，由鐵和鎳等金屬構成。

地核的外側部分是像岩漿一般的液態金屬，稱做外核。科學家認為，外核的液態金屬會繞著中心的固態內核旋轉，金屬離子旋轉時會產生電

由竿子的陰影判斷北方

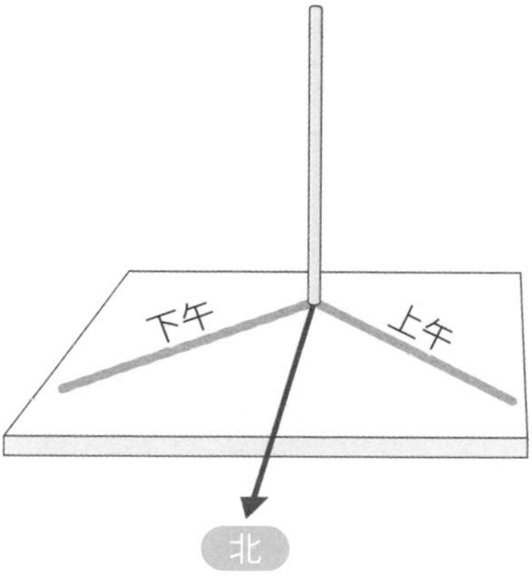

流，而電流運動則會產生磁場，這稱做「發電機理論」。

不過，我們目前仍無法完全解釋許多複雜的地磁現象。

由太陽的運動判斷方位

在手上沒有羅盤的時候，我們可以從太陽的運動來判斷方位。

地球會像陀螺一樣「自轉」，約每隔二十四小時自轉一圈，所以我們會看到天空中的太陽與星星由東向西移動。精確來說，太陽與各個星體每經過一小時會移動十五度（每四分鐘移動一度）。

太陽的運動軌跡就像在天空中畫一個圓弧形，當移動到最高點時，天文學上稱做「中天」，也就是正午時刻。而一次正午到下一次正午所經過的時間，稱做一天；把一天分成二十四等分，每一等分就是一小時。

在日本，正午時候的太陽位於南方，所以這時的影子會朝向北方*。因為中天時刻的太陽高度最高，所以影子也最短。

總之，在白天之中，物體的影子會先變短再變長，而中天時刻的影子最短。從影子的長度變化，可以推測太陽大約走到哪個方位。

不過，隨著區域的不同（經度不同），日本各地的太陽中天時刻也不一樣。同樣在日本國內，地理位置最東端與最西端的中天時刻可以差到兩個小時。但如果一個國家的不同地區所依據的時間不同的話，會造成許多不方便，所以日本以兵庫縣的明石市（東經一三五度）的時間為基準，做為日本標準時間。

尋找北極星

儘管日本有四季的變化，但無論何時抬頭看向夜空，都可以看到有顆恆星一直在天空中同一個位置，那就是北極星。北極星是指出北方的恆星，自古以來在許多地方都被人們當成夜空中重要的標記。

因為北極星大約是位在地球自轉軸的延長線上，所以地球上的人們所看見的北極星，也就不會因地球自轉而改變位置；雖然地球還會繞著太陽公轉，但北極星距離地球約四〇〇光年那麼遠，所以從地球上看，北極星的位置也幾乎不會變。我們可用北斗七星或仙后座來找出北極星。

在春天與初夏時的北方天空可以看到北斗七星。把這七顆星連在一起，看起來就像舀水用的「勺子」一樣。把北斗七星勺口末端的兩顆星星連線，這個距離再延長五倍，就可以找到北極星了。

十一月到一月左右的北方天空可以看到仙后座，這是由五顆排列成M字狀的明亮星星組成的星座。把仙后座M字的兩端線段延長，再把延長線交點與中間的星星相連（如下頁圖所示），這個距離再延長五倍，就可以找到北極星了。

★譯註：此為北回歸線以北的情況。台灣位於北回歸線上，夏至時太陽會在正上方而非南方。

尋找北極星的方法

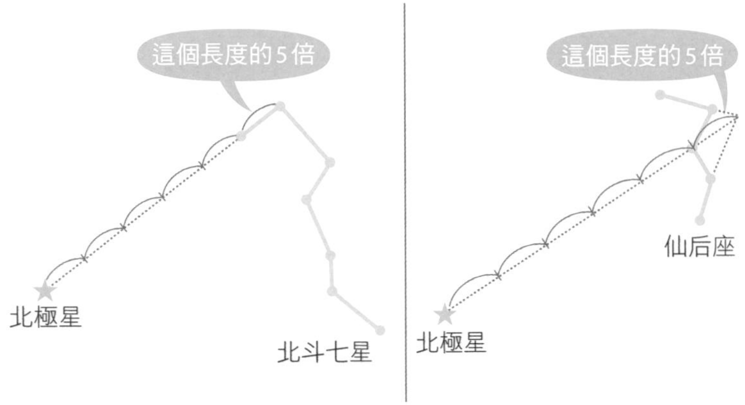

事實上，地軸與北極星之間有著微小的偏差，所以北極星仍會隨著時間稍微改變位置。北極星一天之內的移動軌跡，可以在天空中畫成一個小小的圓。

東、西、南、北的星空如何運動

因為地球會自轉，所以我們可以看到星星以一天為周期在天空運行。

宇宙中每顆星星與地球之間的距離都不同，不過從地球看過去，會覺得天空像是一個巨大的圓形天花板（天球），每顆星星就像貼在天花板上的光點一樣，而且這個天花板會

東、西、南、北天空的星星運動

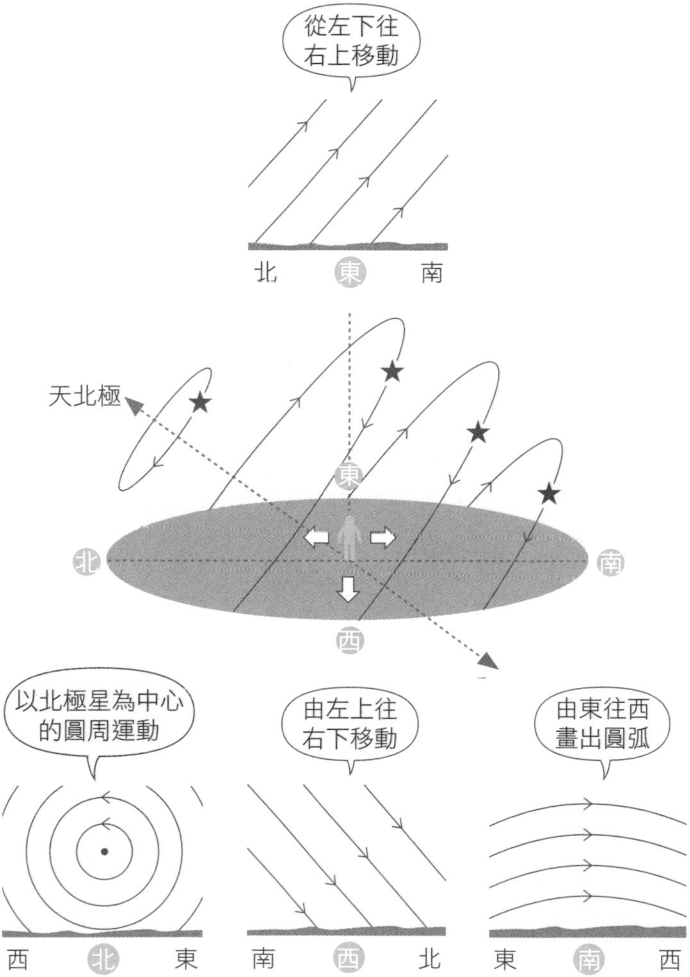

大金字塔底部的正方形方位

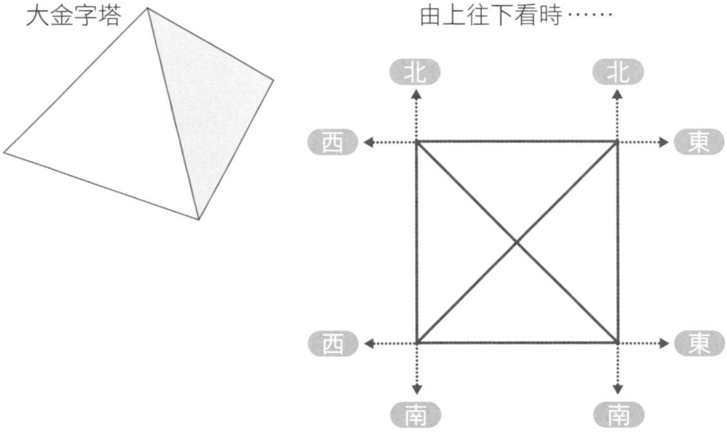

繞著地球轉動。北方天空的北斗七星與仙后座等星星，都是以北極星為中心，逆時鐘繞著北極星轉。而從東方天空升起的星座，在通過南方天空之後，會向西方天空沉入地面。

金字塔方位的精準度相當驚人

距今五千年前，埃及人在尼羅河流域建立了龐大的國家。這個國家的國王死後會被製成木乃伊，與許多寶物一起埋葬在金字塔內。埃及最大的古夫金字塔（又稱吉薩大金字塔）有一個驚人的特徵，那就是它的方位精準無比。

　　金字塔的底部為正方形，四個側面皆為三角形，整體為一個四角錐立體形狀。古夫金字塔的高度約為一五〇公尺，底部的正方形邊長則有二〇〇多公尺。神奇的是，若延長金字塔的各個底邊，會發現這些底邊剛好完美的指向東西南北，平均誤差僅約三分（3'），三分為一度（1°）的二十分之一，也就是〇・〇五度。

　　為什麼古埃及人可以建造出方位如此準確的金字塔呢？專家們提出了各式各樣的說法，不過都有一個共通點，那就是利用星星來判斷方位。

「方位」的判斷可說是人類智慧的結晶喔。

09 月球的科學

太陽與月球

地球一直沐浴在太陽的光輝中。因為有陽光，地球上才有欣欣向榮的生命，要是沒有陽光照耀，地球就會是一個黑暗、冰冷、死寂的世界。

對於地球上的我們來說，太陽和月球看起來差不多大，都相當於用肉眼看著三公尺外的新台幣五元硬幣的感覺。

那麼，太陽和月球真的差不多大小嗎？

地球與太陽的距離比地球與月亮的距離還要長，地日距離（一億五千萬公里）大約是地月距離（三十八萬公里）的四百倍。明明太陽的距離遠多了，看起來卻跟月球差不多大，由此可知，太陽本身尺寸遠比月球還要大上好幾倍，推算

太陽和月球一樣大嗎？

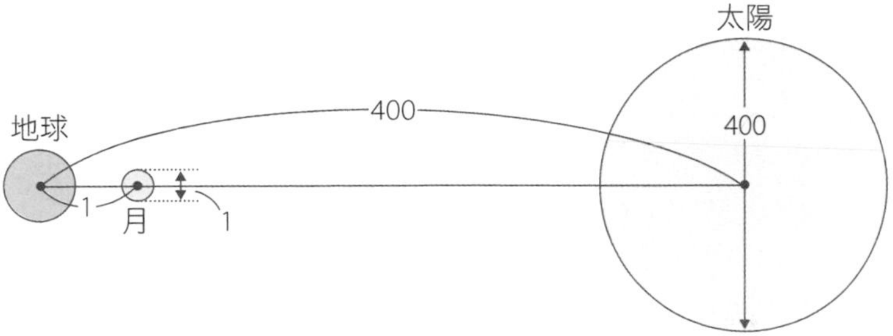

太陽的直徑約為月球直徑的400倍。
地球與太陽的距離，約為地球與月球的距離的400倍。
所以從地球上看到的太陽才會和月球差不多大！

起來，太陽約為月球的四百倍大。

通常，光線會呈放射狀傳播，但因為太陽離我們很遙遠，所以落在地球上的太陽光可以當成是平行光線。

太陽的直徑約為一百四十萬公里，是地球直徑（約一萬三千公里）的一百倍以上。因為體積跟直徑的三次方成正比，所以太陽的體積是地球的一百萬倍以上（精確來說，是一百三十萬倍）。

太陽系是一個以太陽為中心的天文系統，由一群像大家族般的星體圍繞著太陽所組成。地球是太陽系中的一顆行星，而繞著地球轉的月球，是

地球上看到的月相

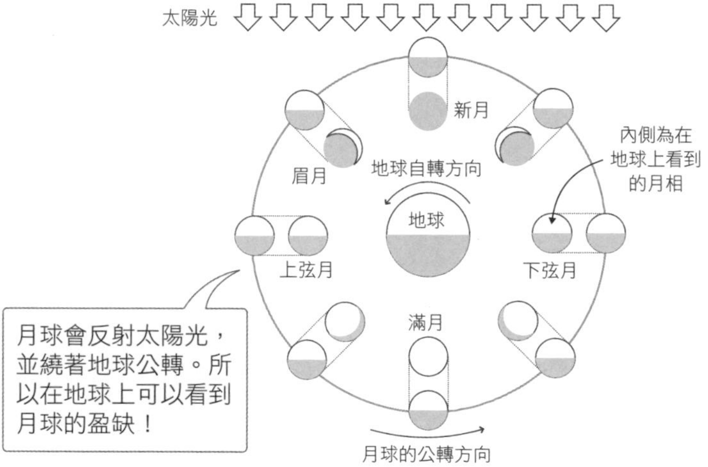

地球的衛星。

月球繞行地球公轉的軌道不是正圓，而是橢圓。月球離地球最近時，兩者相距約二十八個地球直徑；月球離地球最遠時，兩者相距約三十二個地球直徑。地球與月球的平均距離約為三十個地球直徑。

從滿月到新月

月球有一半受到太陽光照射，在月球繞著地球公轉時，地球觀看月球的角度也會一直改變，所以看到的月球亮部的形狀，也會跟著改變。

當月球與太陽的位置分別轉到地

球的兩側時，地球上的我們可以完整的看到月球朝著太陽的那一面（有光面），所以是滿月。相反的，當月球與太陽位在同一側時，地球上的我們只能看到月球朝著太陽那一面的背面（無光面），也就是看不到月亮，這時是新月。從滿月到新月之間的月相，則有弦月、眉月等等。

月的盈虧規律

假設現在太陽剛西沉不久，西方天空出現了細長的眉月，很快的，月球又緊跟著太陽隱沒在地平線下。從這天開始，我們每天觀察月相。

每過一天，月球的位置就會比前一天再往東邊一些。這表示月球西沉的時間（月落）會延遲一些。而且每過一天，月相都會比前一天飽滿一些。

過了一週左右，當太陽西沉時，月球會出現在我們的正上方，形狀為半圓形，圓弧朝向西方，切口朝向東方，稱為上弦月。

再經過一些日子，月球出現的位置更偏東邊，形狀也愈來愈飽滿。在出現上弦月的一週後，當太陽西沉時，滿月正好從東方的地平線升起。

傍晚時看到的月球位置與形狀

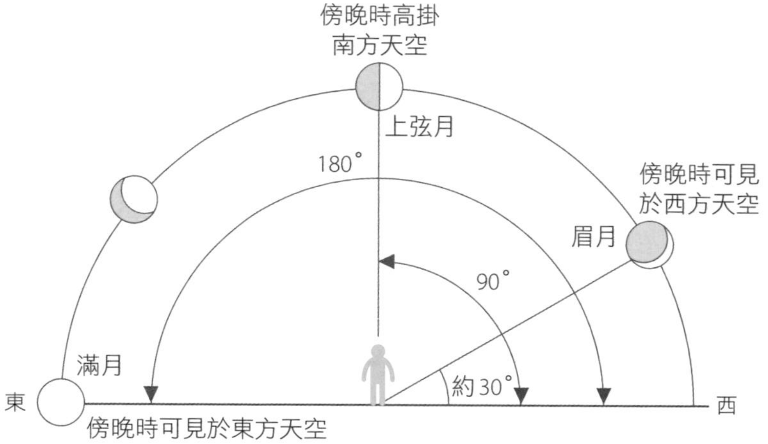

在這之後，月相的形狀從西邊開始內縮。在出現滿月的一週後，午夜時月球才會從東方地平線升起，形狀為半圓形，圓弧朝向東方，切口朝向西方，稱為下弦月，跟兩週前的上弦月形狀相反。等到天亮時，仍然可以見到白色的下弦月高掛天空。

再過一週後就看不到月球了，也就是新月。

月球大約每二十九天半會由西往東繞地球一圈。曆法之中的陰曆就是根據月球的週期運動制定而成的，這也是我們使用年「月」日來記錄日期的由來。

上弦月與下弦月

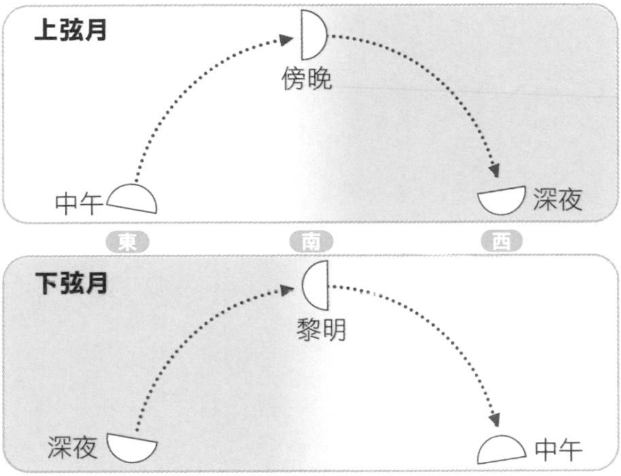

日本在明治初期以前，都是使用這種以月的盈虧變化為基準的陰曆。陰曆的每月三日為眉月，在日語中稱作三日月，每月七日左右為上弦月，每月十五日則是滿月。

上弦月與下弦月

上弦月為滿月之前的弦月，下弦月為滿月之後的弦月。我們一般不會稱眉月為弦月，只有在月球看起來剛好是半圓形時，才會稱做弦月。

上弦月、下弦月的名字來自「弓」的形狀，「弦」是弓上拉直的繩子，與弦樂器（小提琴等）的弦意思相同。不過，要注意的是，我們並不是由弦在月亮的上方或下方，決定弦月是上弦月或下弦月。

陰曆中，新月是一個月的開始。從新月轉變成滿月，再轉變成新月的過程所需要的時間，就是陰曆的一個月。從新月逐漸豐盈變成滿月的過程中所經過的弦月，就稱做上弦月，也就是在月份上旬出現；從滿月逐漸虧缺變成新月的過程中所經過的弦月，則稱做下弦月，也就是在月份下旬出現。

為什麼會有日食

日食是「太陽在白天時出現像月球盈虧變化一般的形狀，甚至整個消失，但不久後會回復原狀」的現象。地球上每年至少會出現兩次以上日食，只是地點並不固定。

從地球的角度來說明的話不大容易理解，讓我們坐上太空船，從太空來觀察吧。假設太空船上有窗戶可以看到太陽和地球。地球朝向太陽的那一面可以接受來自太陽的光，這段區域稱做「白天」；而背向太陽的那一面則是「晚上」，從

日食

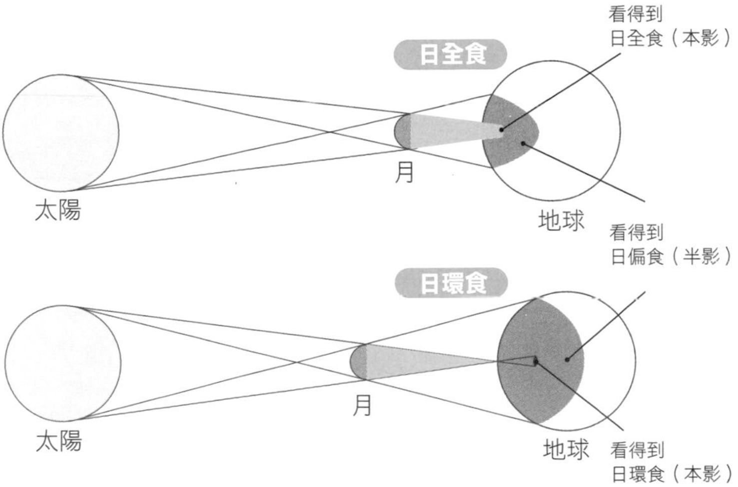

太空中看起來是一片黑暗。

地球的周圍有月球繞行。有時候，月球會繞到太陽與地球之間，也就是說，月球會擋住太陽的光，使地球進入月球的影子中，這就是所謂的「日食」。太陽、月球、地球必須剛好連成一直線，地球才能落入月球的陰影內。

地球繞著太陽公轉的軌道面（黃道），與月球繞著地球公轉的軌道面（白道）之間，有著五．一度的夾角，所以只有在月球通過黃道與白道交點附近時，才有可能出現太陽－月球－地球連成一直線的狀況。要

月球上的圖案

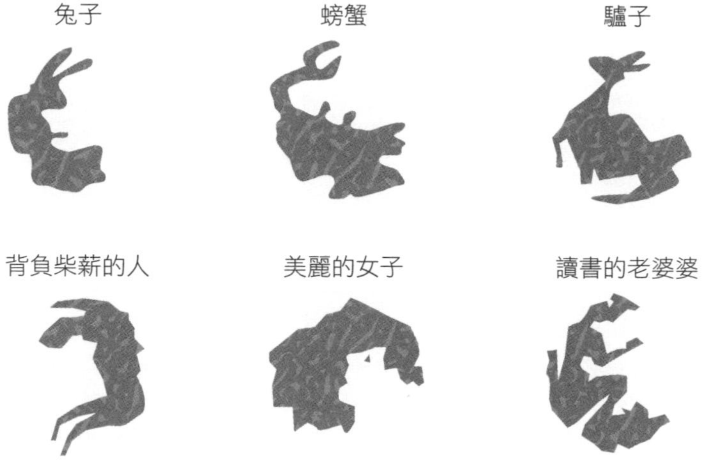

是兩個軌道面完全重合的話，可就會頻繁發生日食現象了。

如果地球上看到的月球與太陽的大小相同的話，月球會整個遮住太陽，我們就會看到日全食；月球比太陽小的話，就會看到日環食現象。

月球上的圖案

日本人會把月球上的圖案形容成兔子在搗麻糬。別的國家的人則會把圖案看成其他東西，有些人會看成老婆婆的樣子，有些人則會看成驢子的樣子，有各式各樣的創意想像。

月球表面圖案之所以會有黑色跟

白色的差別，是因為白色部分與黑色部分的岩石種類不同。

一般認為，被稱做「月海」的黑色部分，是月球被巨大隕石撞擊產生撞擊坑後，再被火山活動所噴出的黑色玄武岩覆蓋，因而形成的平坦大地。

白色發亮部分則是由白色斜長岩組成，稱為隕石坑或火山口的大型窪地。月球表面大大小小的隕石坑約有一〇〇萬個以上，大型隕石坑的直徑可達二〇〇公里。在滿月的日子，太陽光會從月球隕石坑的正上方直接照射，所以人們不容易分辨清楚隕石坑的形狀。不過在眉月或弦月時，因為太陽光斜射，在隕石坑上形成陰影，所以人們可清楚看到一個個隕石坑的輪廓。

事實上，地球也會遭受隕石撞擊。月球因為沒有大氣，所以即使是像細砂般的隕石來襲，也會在月球表面產生數公分大的隕石坑。但地球有大氣保護，小型隕石無法抵達地面。

另外，月球上的隕石坑不會被大氣風化，所以可以一直保存下來。一九六〇～一九七〇年代的阿波羅計畫，太空人在月球表面留下的腳印，直到今天仍然清晰可見，如果是地球上的腳印，早就會被雨水侵蝕，或被植物覆蓋住了。

儘管如此，我們仍在地球上發現了二〇〇個以上的隕石坑。

大碰撞說

地球大約是在四十六億年前左右，由宇宙中無數個小行星、小型天體彼此撞擊、聚集融合後誕生。隨著撞擊事件不斷增加，地球體積也愈來愈大，變大變重的地球又會擁有更強的吸引力，吸引更多小行星撞擊。

小行星的激烈撞擊會在地球表面留下許多隕石坑。一般認為，原始地球上的隕石坑應遠比現在月球的還要多才對。

月球的誕生有很多種解釋。其中「大碰撞說」是一個主流的說法，大碰撞說認為，在地球誕生的一億年後，一個與火星大小差不多的星體撞擊地球，這次撞擊產生了許多碎片，而這些噴飛出來的碎片重新組合成了月球。

地球與月球的差異

地球與月球有一個很大的差異，那就是重力。月球的重力比較小，所以大氣會逸散到太空中；重力為月球六倍大的地球則可緊緊抓住空氣、水等物質。

月球表面的白天與黑夜之間有著很大的溫度差，是相當嚴酷的環境。因為沒有空氣或水，白天在太陽光的直接照射下，溫度可達一二〇℃；可是夜晚時，熱量又紛紛逸散到宇宙中（輻射冷卻），所以溫度會降到負一五〇℃

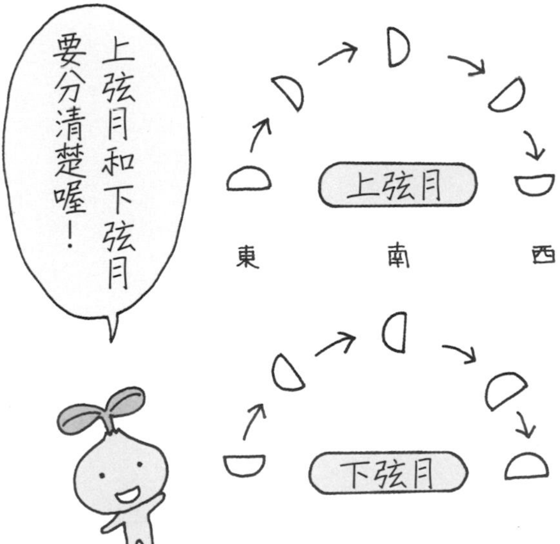

我們在小學時都上過自然課。

小學時，有不少人很喜歡自然課，不是嗎？

常有人說「現在討厭自然科學的小學生愈來愈多了」，但事實上，「愛好自然課的小學生」比其他科目的比例還要高喔。

問題在於，當被問到「學習自然科學對生活有幫助嗎？能幫助社會嗎？」的時候，只有「百分之五十七・六」的小學生回答「是」。這表示學生們仍不大明白自然科學的重要性（平成十五年度中小學教育課程實施狀況調查：國立教育政策研究所）。

現今日本的國中、國小教育課程愈來愈重視「學習、應用、探究」之間的關係，並以此設計課程。

當我聽到自然科學的教育中，主張要「學習（化為自身知識）、應用（用於生活上）、探究（探索自己還不知道的領域）」並用時，只覺得「現在才注意到也太晚了吧」。其實，如果只有「學習」，而不曉得怎麼「應用」的話，就和沒有學習過是一樣的。知識與技能的「學習」，只有在能夠「應用」的時候，才有了意義，不是嗎？

各位讀者還記得在小學的自然課上學過什麼嗎？

如果想不起來，表示學過的內容都一一離你而去了，在讀書學習時，要是沒有把科學上的知識與各種技能之間的關係連結在一起，以及把它們應用到生活上，我們很快就會忘記這些東西。

因為有這些情況，我希望能從更有趣、更生活化的角度，喚起大家對國小自然課的記憶，讓大家感受到自然科學很有意思的地方。

左卷健男

參考文獻

- 辛古 著／中野善達、清水知子 譯《被狼養大的孩子》福村出版　一九七七年
- 貝帖翰（Bruno Bettelheim）等人 著／中野善達 譯《野性兒童與自閉症兒童》福村出版　一九七八年
- 小原秀雄 著《成為人》大月書店　一九八五年
- 左卷健男、左卷惠美子 著《成為大人後重學一遍國中生物》Softbank Creative〈Science-i新書〉二〇一一年
- 左卷健男 著《六小時看懂小學的自然科學》明日香出版社　一九九四年
- 左卷健男（總編輯）《理科的探險（RikaTan）》雜誌

＊寫作原稿時，左卷惠美子女士提供了許多意見。

BOOK REPUBLIC
讀書共和國
快樂文化
Happy Publishing House
有趣到睡不著
001

有趣到睡不著的自然科學：沒有芯的蠟燭也能燒？

作者：左卷健男／繪者：封面-山下以登、內頁-宇田川由美子／譯者：陳朕疆
責任編輯：許雅筑／封面與版型設計：黃淑雅
內文排版：立全電腦印前排版有限公司

快樂文化
總編輯：馮季眉／主編：許雅筑
FB粉絲團：https://www.facebook.com/Happyhappybooks/

出版：快樂文化/遠足文化事業股份有限公司
發行：遠足文化事業股份有限公司（讀書共和國出版集團）
地址：231新北市新店區民權路108-2號9樓／電話：（02）2218-1417
電郵：service@bookrep.com.tw／郵撥帳號：19504465
客服電話：0800-221-029／網址：www.bookrep.com.tw
法律顧問：華洋法律事務所蘇文生律師

印刷：成陽印刷股份有限公司／初版一刷：西元2020年09月／定價：360 元
初版七刷：西元2024年4月
ISBN：978-986-99016-8-0 (平裝)

Printed in Taiwan**版權所有・翻印必究**
特別聲明：有關本書中的言論內容，不代表本公司／出版集團之立場與意見，文責由作者自行承擔。

OMOSHIROKUTE NEMURENAKUNARU RIKA
Copyright © Takeo SAMAKI, 2013
All rights reserved.
Cover illustrations by Ito YAMASHITA
Interior illustrations by Yumiko UTAGAWA
First published in Japan in 2013 by PHP Institute, Inc.
Traditional Chinese translation rights arranged with PHP Institute, Inc.
through Keio Cultural Enterprise Co., Ltd.

國家圖書館出版品預行編目（CIP）資料

有趣到睡不著的自然科學：沒有芯的蠟燭也能燒？/ 左卷健男著；陳朕疆譯. -- 初版. -- 新北市：快樂文化出版：遠足文化發行, 2020.09
面；　公分
譯自：面白くて眠れなくなる理科
ISBN 978-986-99016-8-0(平裝)
1.科學 2.通俗作品
300　　109011793